Inhaltsangabe

I. Prozesse der Lagerlogistik

II. Rationeller und qualitätssichernder Güterumschlag

III. Wirtschafts- und Sozialkunde (WiSo)

I. Prozesse der Lagerlogistik

A. Annahme von Gütern

Frage 1: Welche Kontrollen sind bei Wareneingang in Anwesenheit des Zustellers durchzuführen?

Frage 2: Sie stellen bei der Sichtprüfung fest, dass 3 Kartons einer Lieferung beschädigt sind. Wie verhalten Sie sich?

Frage 3: Welche Kontrollen werden durchgeführt, nachdem der Zusteller sich verabschiedet hat? Welche Mängel werden dabei unterschieden?

Frage 4: Innerhalb welcher Fristen ...
- ist die Prüfung auf Mängel vorzunehmen?
- sind offene und versteckte Mängel beim zweiseitigen Handelskauf zu rügen?

Frage 5: Welche Voraussetzungen sind für einen Lieferungsverzug notwendig und welche Rechte ergeben sich daraus für den Käufer / Empfänger?

Frage 6: Welche Rechte ergeben sich für den Käufer aus einer mangelhaften Lieferung?

Frage 7: Ein Frachtführer liefert 3 Paletten mit Waren an. Welche Rechtsstellung hat ein Frachtführer? Wie ist die Haftung bei der Entladung geregelt?

Frage 8: Erklären Sie kurz folgende Warenbegleitpapiere:
Konnossement, Air Waybill, Zolleinheitspapier, Gefahrgutbeförderungspapier, Leergutschein

Frage 9: Welche Aufgaben hat der Lieferschein?

Frage 10: Unterscheiden Sie zentrale Lager und dezentrale Lager und nennen Sie je 3 Vorteile.

Frage 11: Welche Vorteile hat die Nutzung eines Fremdlagers?

Frage 12: Was ist bei den Lagerhaltungssystemen unter „chaotische Lagerhaltung" zu verstehen?

Frage 13: Nennen Sie Möglichkeiten des Umweltschutzes in einem Warenlager.

Frage 14: Beschreibe die charakteristischen Merkmale folgender Lagerbauweisen:

Halboffenes Lager	Geschlossenes Lager	Mehrgeschossiges Lager	Hochregallager

Frage 15: In Ihrem Betrieb sind verschiedene Waagen installiert. Wer ist für die Kontrolle der Genauigkeit zuständig?

Lösungen zu Fragenblock A

Frage 1:
✓ Lieferadresse überprüfen.
✓ Liefertermin überprüfen.
✓ Anzahl der Packstücke (nicht der Einheiten) überprüfen.
✓ Verpackung und auch unverpackte Waren auf äußere Schäden sichten und Beschädigungen festhalten.

Frage 2: Sie dokumentieren die Transportschäden und lassen sich dies durch eine Unterschrift des Zustellers bestätigen. Zusätzlich können noch Fotos gemacht oder Skizzen angefertigt werden.

Frage 3: Auspacken und Prüfung auf offene Mängel:
- Mängel in der Art (Identität)
- Mängel in der Menge (Quantität)
- Mängel in der Güte (Qualität)
- Mängel in der Beschaffenheit

Frage 4:
✓ Die Prüfung auf Mängel ist unverzüglich ohne schuldhaftes Zögern vorzunehmen. Meist geschieht dies vor der Einlagerung.
✓ Offene Mängel sind unverzüglich zu rügen.
✓ Versteckte Mängel sind unverzüglich nach Entdeckung, aber innerhalb von 2 Jahren nach Lieferung zu rügen.

Frage 5:
<u>Voraussetzungen für den Lieferungsverzug:</u>
- Die Lieferung muss fällig sein. Dies trifft zu, wenn der Liefertermin kalendarisch festgelegt wurde. Ist der Liefertermin nicht kalendarisch festgelegt, ist eine Mahnung erforderlich.
- Es muss ein Verschulden des Lieferanten vorliegen.

<u>Rechte des Empfängers ohne Nachfristsetzung:</u>
a) Bestehen auf Lieferung
b) Bestehen auf Lieferung und Verlangen eines Schadensersatzes

<u>Rechte des Empfängers mit Nachfristsetzung:</u>
a) Schadensersatz statt Leistung oder Ersatz vergeblicher Aufwendungen
b) Rücktritt vom Kaufvertrag

Frage 6:
Recht auf Nacherfüllung:
Nachbesserung bei Gattungsware oder Stückkauf oder Ersatzlieferung

Recht auf Rücktritt vom Kaufvertrag:
Vorher muss dem Verkäufer die Möglichkeit der Nacherfüllung eingeräumt werden.

Recht auf Minderung:
Der Kaufpreis wird entsprechend des Mangels gemindert.

Recht auf Schadensersatz / Ersatz vergeblicher Aufwendungen:
Voraussetzung ist, dass der Käufer eine angemessene Nachfrist zur Nacherfüllung gesetzt hat und diese erfolglos abgelaufen ist. Darüber hinaus muss dem Verkäufer beim Zugang der Fristsetzung deutlich werden, dass der Käufer nach Ablauf dieser Frist einen Schadensersatz verlangen wird.

Frage 7: Der Frachtführer ist ein selbständiger Kaufmann, der sich auf Grund eines Beförderungsvertrages verpflichtet, einen Transport der Waren durchzuführen.

Soweit sich aus den Umständen oder der Verkehrssitte nicht etwas anderes ergibt, hat der Absender das Gut beförderungssicher zu laden, zu stauen und zu befestigen (verladen), sowie zu entladen (§ 412 HGB)

Frage 8:

Konnossement: Das Konnossement wird auch Seeladeschein genannt und ist ein Schiffsfrachtbrief. Bei der Übergabe der Ware wird das Konnossement vom Empfänger unterschrieben und dient so als Ablieferquittung.

Air Waybill: Luftfrachtbrief

Zolleinheitspapier: Das Einheitspapier kommt in der EU beim Handel mit Drittstaaten und beim Verkehr von Nichtgemeinschaftswaren innerhalb der EU zur Anwendung.

Gefahrgutbeförderungspapier: Frachtbrief für Gefahrgüter. Es enthält zusätzliche Angaben zur Klassifizierung, z. B. UN-Nummer.

Leergutschein: Dient zur getrennten Erfassung von Pfandverpackung, wie Europaletten, Eurogitterboxpaletten, …

Frage 9: Der Lieferschein begleitet die Anlieferung von Waren. Er enthält Angaben über den Lieferanten, Art und Menge der Ware (ohne Preise) und das Lieferdatum. Für den Warenempfänger dient er zur Kontrolle der Lieferung. Der Lieferant lässt sich die ordnungsgemäße Lieferung auf dem Lieferschein bestätigen.

Frage 10:

Zentrales Lager	Dezentrales Lager
Lagerung der gesamten Warenvorräte an einem Ort. <u>Vorteile:</u> - Niedrige Kosten (Lagerverwaltungskosten, Raumkosten) - Bessere Kontrolle / Übersicht - Bestellaufwand gering	Lagerung der Warenvorräte an verschiedenen Orten. <u>Vorteile:</u> - Schnellere Belieferung durch Kundennähe möglich - Kürzere Transportwege = weniger Transportkosten - Kleinere Lagerbestände / weniger Risiko

Frage 11:

✓ Keine Kosten für die Lagereinrichtungen (gebundenes Kapital)
✓ Keine Kosten für Personal und Miete
✓ Geschultes Personal beim Fremdlageranbieter

Frage 12: Den Waren / Lagergütern sind keine festen Lagerplätze zugeteilt, sondern beliebige, zum Zeitpunkt der Einlagerung freie Plätze. Dies geschieht mithilfe eines elektronischen Lagerverwaltungsprogramms. Dadurch sollen Fahrwege optimiert werden.

Frage 13:

Reduzierung von Verpackungsmaterialien
Recycling von Materialien
Sparsame Energienutzung (natürliche Beleuchtung, Heizung)
Mülltrennung
Artgerechte Abfallentsorgung (z. B. Altöl)
Richtige Lagerung von Gefahrstoffen
Sensibilisierung der Lagermitarbeiter (z. B. Stoßlüften statt Dauerlüften)

Frage 14:

- Halboffenes Lager: Lager mit Dach, aber ohne Seitenwände
- Geschlossenes Lager: Lager mit Dach und Seitenwänden
- Mehrgeschossiges Lager: Lager mit mehreren Etagen
- Hochregallager: Lager mit einer Höhe von über 12 m bis ca. 50 m

Frage 15: Die Waage wird vom Eichamt geprüft und mit einer Eichmarke versehen.

B. Lagerung

Frage 1: Nennen Sie 3 Rechte und 5 Pflichten des Lagerhalters.

Frage 2: Unterscheiden Sie die Begriffe Sammellagerung, Mietlagerung und Trennungslagerung.

Frage 3: Welche Vorteile hat das Festplatzsystems gegenüber dem Freiplatzsystem?

Frage 4: Zählen Sie 5 Funktionen der Lagerhaltung auf.

Frage 5: Welche Zielsetzung hat das Kreislaufwirtschaftsgesetz? Erklären Sie in dem Zusammenhang die Begriffe Vermeidung, Verwertung und Beseitigung.

Frage 6: Was ist ein Barcode? Nennen Sie die Bestandteile der GTIN (ehemals EAN-13).

Frage 7: Geben Sie 5 Sicherheitsvorschriften bei Bodenlagerung an.

Frage 8: Was zeichnet dynamische Regale aus? Geben Sie 3 Beispiele.

Frage 9: Nennen Sie 4 vorbereitende Maßnahmen zur Einlagerung.

Frage 10: Welche Funktion hat in einem Industriebetrieb das Zwischenlager?

Frage 11: Nennen Sie Vorteile und geben Sie Beispiele für die Benutzung folgender Regalarten:
- Fachbodenregal
- Palettenregal
- Kragarmregal
- Wabenregal
- Durchlaufregal
- Paternosterregal

Frage 12: Erklären Sie das Fifo-, Lifo- und Hifo-Prinzip.

Frage 13: Nach welchen Gesichtspunkten werden Lagerplätze vergeben?

Frage 14: Wie wird Getreide üblicherweise gelagert? Was ist bei einer Zwischenlagerung in einer Lagerhalle zu beachten?

Lösungen zu Fragenblock B

Frage 1:

Rechte des Lagerhalters:

- Recht auf Vergütung und Aufwendungsersatz
- Pfandrecht bei Nichtzahlung des Lagergeldes
- Kündigungsrecht des Lagervertrages gemäß § 473 (2) HGB

Pflichten des Lagerhalters:

- Er ist verpflichtet, dass eingelagerte Gut ordnungsgemäß zu lagern und aufzubewahren.
- Ausstellung eines Lagerscheins.
- Herausgabe des eingelagerten Gutes an den Empfangsberechtigten gegen Vorlage des Lagerscheins.
- Er muss Maßnahmen zur Qualitätserhaltung ergreifen.
- Er ist verpflichtet, Schadensersatzansprüche des Einlagerers gegenüber dem Frachtführer sicher zu stellen, wenn die einzulagernde Ware erkennbar beschädigt ankommt.

Frage 2:

Sammellagerung: Es werden Güter zusammen gelagert, welche die gleiche Eigenschaft haben, z. B. bei Kies (Schüttgut).

Mietlagerung: Ein Lager wird angemietet. Weitere Kosten fallen somit an.

Trennungslagerung: Güter werden getrennt gelagert.

Frage 3:

✓ Gute Lagerübersicht wegen gleichbleibender Lagerplätze
✓ Senkung der Abhängigkeit von der EDV
✓ Möglichkeit der Sortierung nach Art und Umschlaghäufigkeit

Frage 4:

- Ausgleichsfunktion / Überbrückungsfunktion: Zeitliche und mengenmäßige Überbrückung der Zeiträume z. B. zwischen Einkauf und Produktion.
- Sicherheitsfunktion: Schutz vor Lieferengpässen.
- Reifungs- bzw. Veredelungsfunktion: Erhöhung der Qualität (z. B. Trocknung von Holz, Whisky-Lagerung).
- Preisausgleichsfunktion: Ausgleich von größeren Preisschwankungen.
- Umformungsfunktion: Mischen und Umfüllen in kleinere/größere Gebinde.

Frage 5: Der Zweck des Kreislaufwirtschaftsgesetzes ist die:
✓ Förderung der Kreislaufwirtschaft
✓ Schonung der natürlichen Ressourcen (Rohstoffe, Quellen)
✓ Sicherung der umweltverträglichen Beseitigung von Abfällen

Vermeidung: Produktion und Konsum sollen so gestaltet sein, dass möglichst wenig Verpackungsabfall anfällt.

Verwertung: Unvermeidbare Verpackungsabfälle müssen ordnungsgemäß verwertet werden.

Beseitigung: Nicht vermeidbare und nicht verwertbare Verpackungsabfälle müssen umweltverträglich beseitigt werden (z. B. durch Verbrennung).

Frage 6: Als Strichcode, Balkencode oder Barcode (englisch bar = Balken) wird eine optoelektronisch lesbare Schrift bezeichnet, die aus verschieden breiten, parallelen Strichen und Lücken besteht.

Die 13 Ziffern der Globalen Artikelidentnummer (ehemals EAN-13, heute GTIN) bestehen aus:
- Länderpräfix (drei Stellen), zum Beispiel 400 bis 440 für Deutschland
- Unternehmensnummer
- Artikelnummer des Herstellers
- Prüfziffer (letzte Stelle)

Frage 7:

Schwere Lasten unten, leichte Lasten oben lagern.
Die Neigung des Stapels darf nicht mehr als 2 % betragen.
Verkehrswege für Fußgänger zwischen den Stapeln müssen mindestens 1,25 m breit sein.
Max. 5 Gitterboxpaletten übereinander stapeln.
Ladegut auf Paletten muss tragfähig sein.

Frage 8: Bei der dynamischen Lagerung werden Waren automatisiert bewegt.
Beispiele: Durchlaufregal, Verschieberegal, Umlaufregale (Paternoster, Karussellregal, Turmregal)

Frage 9:
- Vorverpacken (z. B. in Kartons)
- Etikettieren (z. B. mit Barcode versehen)
- Preisauszeichnung
- Bildung von Lagereinheiten (Lagerverpackung, Paletten zur besseren Stapelbarkeit)

Frage 10: Das Zwischenlager hat die Funktion, Schwankungen, die während der Produktion auftreten, auszugleichen.

Frage 11:

Regalart	Vorteile	Beispiele für die Benutzung
Fachbodenregal	Niedrige Investitionskosten Niedrige Lagerkosten Einfache Lagerorganisation	Kisten, Boxen, Kleinteile
Palettenregal	Gute Raumausnutzung Direkter Zugriff	Ausschließlich für Paletten
Kragarmregal	Kompakte Lagerung Einzelzugriff Niedriger Investitionsaufwand	Rohre, Stangenmaterial, Profile, Bleche, Balken
Wabenregal	Günstige Raumausnutzung Gute Zugriffsleistung Hohe Anpassungsfähigkeit	Metallverarbeitende Industrie, Stahlhandel, Langgut (Profile jeder Art)
Durchlaufregal	Gute Raumausnutzung Keine Leerräume im Regal FIFO-Prinzip	Ware mit Auslieferung nach FiFo-Prinzip, z. B. Lebensmittel, Medikamente
Paternosterregal (Lean-Lift)	Hohe Raumausnutzung Gut bei beengten Räumen FIFO-Prinzip möglich	Kleinteile mit begrenztem Gewicht

Frage 12:
Fifo-Prinzip: **F**irst **I**n - **F**irst **O**ut. Das Gut, welches als Erstes in das Lager gekommen ist, kommt als Erstes wieder aus dem Lager heraus.

Lifo-Prinzip: **L**ast **I**n - **F**irst **O**ut. Das Gut, welches als Letztes in das Lager gekommen ist, kommt als Erstes wieder aus dem Lager heraus.

Hifo-Prinzip: **H**ighest **I**n - **F**irst **O**ut. Das Gut, welches am Teuersten ist, kommt als Erstes wieder aus dem Lager heraus.

Frage 13: Wirtschaftlichkeit, Sicherheit, Technik

Frage 14: Getreide wird üblicherweise in Silos gelagert. Bei der Lagerung in einer Halle ist auf die Temperatur, Feuchtigkeit und vor allem auf eine ausreichende Luftzufuhr / Belüftung zu achten.

C. Lagerkennzahlen

Situation zu den Fragen 1 - 3
Bei der Inventur wurden folgende Werte festgehalten:
- Anfangsbestand: 20.000 €
- Summe der 12 Monatsendbestände: 180.000 €
- Warenverbrauch: 172.000 €

Frage 1: Ermitteln Sie den durchschnittlichen Lagerbestand.

Frage 2: Wie hoch ist die Umschlaghäufigkeit?

Frage 3: Wie hoch ist die durchschnittliche Lagerdauer?

Situation zu den Fragen 4 - 7
Eine Lagerkartei weist folgende Werte auf:

Datum	Zugang	Abgang	Bestand
01.01.			58
14.01.		18	40
02.02.	60		100
18.02.		15	85
25.03.		20	65
28.03.		8	57
15.04.		18	39
20.05.	61		100
23.06.		34	66
12.07.		18	48
10.08.		10	38
29.09.	62		100
14.10.		15	85
15.11.		20	65
26.12.		10	55

Frage 4: Wie hoch ist der durchschnittliche Lagerbestand? Rechnen Sie auf der Grundlage von 12 Monatsendwerten.

Frage 5: Berechnen Sie die Umschlaghäufigkeit.

Frage 6: Nennen Sie 3 Maßnahmen, die zur Erhöhung der Lagerumschlaghäufigkeit führen können.

Frage 7: Wie hoch ist die durchschnittliche Lagerdauer?

Situation zu den Fragen 8 - 9
Sie sind für ein Ersatzteillager zuständig. Aus der Lagerbuchführung können Sie entnehmen:
- Durchschnittlicher Lagerbestand: 125.000,00 €
- Lagerumschlag: 5
- Aktueller Zinssatz: 6 %

Frage 8: Wie hoch ist der Lagerzinssatz?

Frage 9: Wie hoch sind die Lagerzinsen?

Frage 10: Welche Angaben sind auf einer Lagerfachkartei zu finden?

Frage 11: Was ist unter „eiserner Bestand" zu verstehen?

Frage 12: Mit welcher Formel wird der Meldebestand errechnet?

Frage 13: Ordnen Sie die Begriffe richtig zu.

1. Bestand, der mindestens im Lager vorhanden sein soll.	a) Ist-Bestand
2. Bei der Inventur ermittelter Bestand.	b) Buchbestand
3. Bestand, bei dem die Einkaufsabteilung benachrichtigt wird.	c) Mindestbestand
4. Laut Buchhaltung vorhandener Bestand.	d) Meldebestand
	e) Durchschnittliche Lagerdauer

Situation zu den Fragen 14 - 15
Sie erhalten aus der Buchführung folgende Daten:
- Jahresbedarf: 25000 Stück
- Lagerhaltungskosten: 15 %
- Kosten pro Bestellung: 75,00 €
- Kaufpreis: 4,50 €

Frage 14: Berechnen Sie die optimale Bestellmenge.

Frage 15: Wie würde sich eine Erhöhung der Kosten pro Bestellung auf die optimale Bestellmenge auswirken?

Lösungen zu Fragenblock C

Frage 1:

$$\text{Durchschn. Lagerbestand} = \frac{\text{Anfangsbestand + 12 Monatsendbestände}}{13} = \frac{20.000\text{ €} + 180.000\text{ €}}{13}$$

= 15.384,62 €

Frage 2:

$$\text{Umschlaghäufigkeit} = \frac{\text{Wareneinsatz}}{\text{Durchschn. Lagerbestand}} = \frac{172.000{,}00\text{ €}}{15.384{,}62\text{ €}} = \mathbf{11{,}18}$$

Frage 3:

$$\text{Durchschn. Lagerdauer} = \frac{\text{360 Tage}}{\text{Umschlaghäufigkeit}} = \frac{\text{360 Tage}}{11{,}18} = \mathbf{32{,}20\ Tage}$$

Frage 4:

$$\text{Durchschnittl. Lagerbestand} = \frac{\text{Anfangsbestand + 12 Monatsendbestände}}{13} = \frac{58 + 778}{13} = \mathbf{64{,}31}$$

Frage 5:

$$\text{Umschlaghäufigkeit} = \frac{\text{Verbrauch}}{\text{Durchschnitt. Lagerbestand}} = \frac{186}{64{,}31} = \mathbf{2{,}89}$$

Frage 6:

- Optimierung des Sortiments
- Verminderung des Lagerbestandes, z. B. durch Verkürzung der Lieferzeiten
- Erhöhung des Verkaufes, z. B. durch Werbemaßnahmen

Frage 7:

$$\text{Durchschn. Lagerdauer} = \frac{360}{\text{Umschlaghäufigkeit}} = \frac{360}{2{,}89} = \mathbf{124{,}57\ Tage}$$

Frage 8:

$$\text{Lagerzinssatz} = \frac{6}{5} = \mathbf{1{,}2\ \%}$$

Frage 9:

$$\text{Lagerzinsen} = \frac{\text{Durchschn. Lagerbestand x Lagerzinssatz}}{100} = \frac{125.000{,}00\text{ € x }1{,}2\ \%}{100} = \mathbf{1.500{,}00\ €}$$

Frage 10: Warenbezeichnung, Artikelnummer, Zugänge, Abgänge, Mindest- und Meldebestand, aktueller Bestand

Frage 11: Der „eiserne Bestand“ ist der Bestand, der ständig auf Lager sein muss, um den reibungslosen Ablauf (z. B. auch bei Lieferschwierigkeiten des Lieferanten) zu gewährleisten.

Frage 12:
Meldebestand = Mindestbestand + (Tagesverbrauch x Lieferzeit)

Frage 13: 1c, 2a, 3d, 4b

Frage 14:
Optimale Bestellmenge:

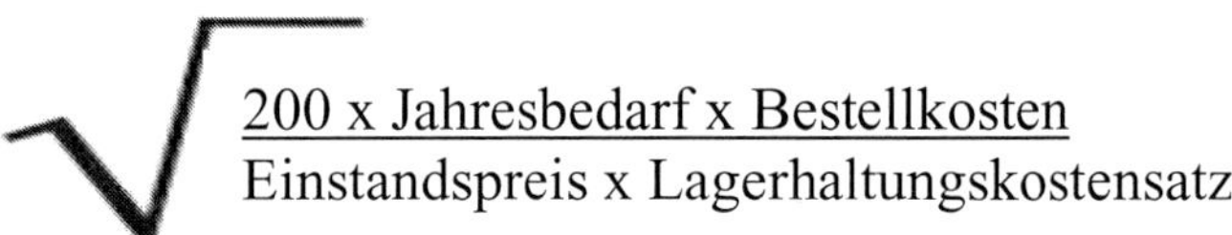

$$\sqrt{\frac{200 \text{ x Jahresbedarf x Bestellkosten}}{\text{Einstandspreis x Lagerhaltungskostensatz}}}$$

$$\sqrt{\frac{200 \text{ x } 25000 \text{ Stück x } 75{,}00 \text{ €}}{4{,}50 \text{ € x } 15 \text{ \%}}} = 2357{,}0225 = \mathbf{2357\ Stück}$$

Frage 15: Die optimale Bestellmenge würde sich erhöhen.

D. Rechnungswesen

Situation zu den Fragen 1 - 2
Eine Lagerkartei aus dem Bereich Vorräte hat folgende Eintragungen:

	Menge	Anschaffungskosten Stück	Anschaffungskosten gesamt
Anfangsbestand	400	8,00 €	3.200,00 €
Zugang	300	9,00 €	2.700,00 €
Zugang	600	7,00 €	4.200,00 €
Zugang	200	8,50 €	1.700,00 €

Endbestand am 31.12.: 500 Stück

Frage 1: Wie ist der Wert nach dem „Lifo-Verfahren"?

Frage 2: Wie ist der Wert nach dem „Fifo-Verfahren"?

Frage 3: Erklären Sie die Begriffe Inventur und Inventar.

Frage 4: Erklären Sie folgende Inventurarten:
Stichtagsinventur, Buchinventur, permanente Inventur und Stichprobeninventur

Frage 5: Bringen Sie die Arbeitsschritte einer Inventur in die richtige Reihenfolge.

( ): Zählen, Messen, Wiegen

( ): Vornehmen von Bestandskorrekturen bei Inventurdifferenzen

( ): Erstellung der Inventurbelege

( ): Verteilung der Inventurbelege an die Mitarbeiter/innen

( ): Speichern der Inventurergebnisse im Warenwirtschaftsprogramm

( ): Eintragung der Ergebnisse in die Inventurbelege

Frage 6: Wie kann es zu Inventurdifferenzen kommen?

Frage 7: Nennen Sie 5 Grundsätze ordnungsgemäßer Buchführung.

Frage 8: Sie arbeiten in der Buchführung. Bilden Sie zu den nachfolgenden Aufgaben die Buchungssätze.

a) Ein Kunde begleicht eine Forderung in Höhe von 380,00 € per Banküberweisung.

b) Es wird ein neuer Computer für 4.500 € netto auf Ziel gekauft.

c) Die Verbindlichkeiten aus b) werden per Überweisung bezahlt.

d) Ein Kunde gibt Waren gegen Erstattung des Kaufpreis zurück. Der Kaufpreis betrug 198,00 €.

Frage 9: Auf welches Konto wird das Gewinn- & Verlustkonto abgeschlossen?

Frage 10: Erläutern Sie kurz die Buchungsarbeiten von der Eröffnungsbilanz bis zur Schlussbilanz.

Frage 11: Für die Inventur im letzten Jahr haben 6 Mitarbeiter je 5 Stunden benötigt. Dieses Jahr stehen nur 4 Mitarbeiter zur Verfügung. Wie lange wird wohl jeder Mitarbeiter für die Inventur brauchen?

Frage 12: Folgende Monatsumsätze wurden durch die Verkäufer erzielt:

Herr Bunser:	36.560,00 €
Frau Mikowitz:	60.758,00 €
Frau Bollmann:	82.638,50 €
Frau Yilmaz:	50.950,50 €

Wie hoch war der Durchschnittsumsatz?

Frage 13: Für ein neues Ladengeschäft von 205 m² soll der Händler 1.000,00 € Miete bezahlen. Der Einzelhändler möchte die Miete auf seine Räume umlegen. Wie hoch wäre die rechnerische Miete für das Büro?

Verkaufsfläche: 120 m², Büro: 20 m², Lager: 45 m², Abstellraum: 20 m²

Situation zu den Fragen 14 - 15

Ein Großmarkt hat eine Gesamtfläche von 6.800 m², wovon 75 % zur Verkaufsfläche gehören.
Es werden 250 Personen beschäftigt, wovon 70 % der Verkaufsabteilung zuzurechnen sind.
Der Umsatz pro Jahr (320 Öffnungstage) beträgt 98.800.700,00 €.

Frage 14: Wie hoch ist der Umsatz pro m² Verkaufsfläche im Jahr?

Frage 15: Wie hoch ist der Umsatz pro Verkaufsmitarbeiter/in pro Monat?

Lösungen zu Fragenblock D

Frage 1:
400 Stück x 8,00 € = 3.200,00 €
100 Stück x 9,00 € = 900,00 €

3.200,00 € + 900,00 € = **4.100,00 €**

Frage 2:
200 Stück x 8,50 € = 1.700,00 €
300 Stück x 7,00 € = 2.100,00 €

1.700,00 € + 2.100,00 € = **3.800,00 €**

Frage 3: Die Inventur ist die Erfassung aller vorhandenen Bestände (Zählen, Messen, Wiegen). Durch die Inventur werden Vermögenswerte und Schulden eines Unternehmens zu einem bestimmten Stichtag ermittelt und schriftlich niedergelegt. Das Ergebnis einer Inventur ist das Inventar. Es ist ein Bestandsverzeichnis, das alle Vermögensteile am Bilanzstichtag aufführt.

Frage 4:
- Stichtagsinventur: Inventur zum Bilanzstichtag
- Buchinventur: Erfassung aller nicht körperlichen Gegenstände, z. B. Forderungen, Verbindlichkeiten
- Permanente Inventur: Die Bestände werden nicht an einem bestimmten Tag, sondern permanent aufgenommen. Am Bilanzstichtag werden die Bestände aus der buchmäßigen Bestandsfortschreibung in das Inventar übernommen.
- Stichprobeninventur: Nur die wenigen hochwertigen Artikel werden als Vollerhebung gezählt. Ein Großteil des Lagerwertes ist damit bereits erfasst. Aus dem Restbestand entnimmt man nach dem Zufallsprinzip eine Stichprobe, aus der anschließend der Gesamtbestand hochgerechnet wird.

Frage 5: Reihenfolge: 3-6-1-2-5-4

Frage 6:

Fehler bei der Bestandsaufnahme, z. B. Zählfehler.
Schwund, Verderb
Diebstahl
Fehlerhafte Erfassung von Warenausgängen.
Fehlerhafte Erfassung von Wareneingängen.

Frage 7:
- ✓ Die Buchführung muss so erfolgen, dass ein sachverständiger Dritter innerhalb angemessener Zeit einen Überblick erhält.
- ✓ Keine Buchung ohne Beleg.
- ✓ Die Aufstellung muss in deutscher Sprache und in Euro erfolgen.
- ✓ Die Dauer des Geschäftsjahres darf 12 Monate nicht überschreiten.
- ✓ Bücher und Belege sind 10 Jahre aufzubewahren.
- ✓ Die Buchführung muss vom System nachprüfbar sein.

Frage 8:

	Soll	Haben
a) Bank	380,00 €	
an Forderungen		380,00 €
b) Betriebs- und Geschäftsausstattung	4.500,00 €	
Vorsteuer	855,00 €	
an Verbindlichkeiten		5.355,00 €
c) Verbindlichkeiten	5.355,00 €	
an Bank		5.355,00 €
d) Umsatzerlöse	166,39 €	
Umsatzsteuer	31,61 €	
an Kasse		198,00 €

Frage 9: Das GuV-Konto wird auf das Eigenkapitalkonto abgeschlossen.

Frage 10:

1. Erstellung der Eröffnungsbilanz
2. Anfangsbestände auf Aktiv- und Passivkonten übertragen.
3. Einrichtung von Erfolgskonten
4. Geschäftsfälle auf die entsprechenden Konten buchen.
5. Schlussbestände (Salden) ermitteln und mit den Inventurwerten abstimmen.
6. Konten abschließen.
7. Erstellung der Schlussbilanz

Frage 11: 6 Mitarbeiter = 5 Stunden
4 Mitarbeiter = X

$$X = \frac{5 \text{ Stunden} \times 6 \text{ Mitarbeiter}}{4 \text{ Mitarbeiter}}$$

X = 7,5 Stunden

Frage 12: 36.560,00 € + 60.758,00 € + 82.638,50 € + 50.950,50 € = 230.907,00 €
230.907,00 € : 4 = **57.726,75 €**

Frage 13: 205 m² = 1.000,00 €
20 m² = X

$$X = \frac{1.000,00 \text{ €} \times 20 \text{ m}^2}{205 \text{ m}^2}$$

X = 97,56 €

Frage 14: 100 % Gesamtfläche = 6800 m²
75 % Verkaufsfläche = X

$$X = \frac{6800 \text{ m}^2 \times 75 \%}{100 \%}$$

X = 5100 m²

98.800.700,00 € Jahresumsatz : 5100 m² Verkaufsfläche = **19.372,69 €**

Frage 15: 100 % = 250 Mitarbeiter
70 % = X

$$X = \frac{250 \text{ Mitarbeiter} \times 70 \%}{100 \%}$$

X = 175 Mitarb.

98.800.700,00 € Umsatz pro Jahr : 12 Monate : 175 Mitarbeiter = **47.047,95 €**

E. Kommissionierung

Frage 1: Nennen Sie 5 Gründe für einen Kommissionierungsauftrag.

Frage 2: Erklären Sie kurz die Begriffe „Statische Bereitstellung“ und „Dynamische Bereitstellung“. Nennen Sie je 3 dazu geeignete Regalarten.

Frage 3: Zählen Sie je 3 Vorteile und 3 Nachteile der „Statischen Bereitstellung“ auf.

Frage 4: Welches sind die Merkmale der „parallelen Kommissioniertechnik“?

Frage 5: Erklären Sie 3 Möglichkeiten der „beleglosen Kommissionierung“.

Frage 6: Geben Sie die 5 Kommissionierzeiten an.

Frage 7: Erklären Sie folgende Begriffe:

FiFo-Prinzip bei der Auslagerung	Pick-Pack Verfahren	Tara

Frage 8: Was ist unter „Stichgangsstrategie“ zu verstehen?

Frage 9: Was ist ein Collico?

Frage 10: Nennen Sie 4 Kommissionierfehler mit kurzer Erklärung.

Frage 11: Welche Möglichkeiten gibt es, die Wegzeit beim Kommissionieren zu verringern?

Frage 12: Welche Formeln haben folgende Kommissionierkennzahlen: Kommissionierleistung, Fehlerquote, Kommissionierkosten je Auftrag, Kommissionierkosten je Position?

Frage 13: Nennen Sie 4 Möglichkeiten, wie die Ladung auf einer Flachpalette zu sichern ist.

Frage 14: Wie werden folgende Container genannt? Für welche Art von Ladung sind sie jeweils geeignet?

a) 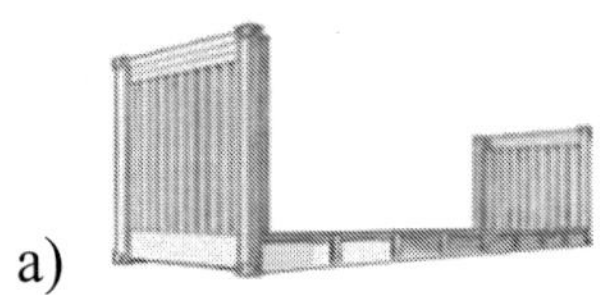

b) 

c) 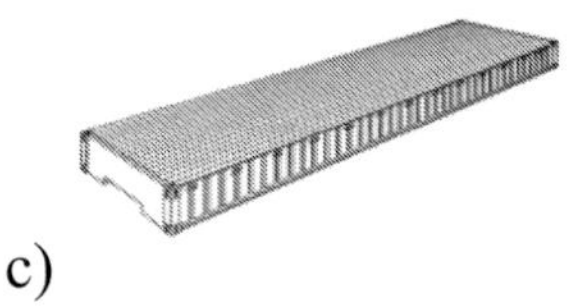

Frage 15: Nennen Sie 4 Voraussetzungen zum Fahren eines Gabelstaplers.

Lösungen zu Fragenblock E

Frage 1:

Bestellung eines Kunden	Auffüllen des Verkaufsregals	Rücklieferung an Lieferanten
Umlagerung an einen anderen Standort	Entsorgung	Bereitstellung für Produktion

Frage 2: Bei der „Statische Bereitstellung“ bewegt sich die Ware nicht.
Der Kommissionierer bewegt sich zur Ware.
Beispiele: Hochregal, Fachbodenregal, Palettenregal, Kragarmregal, Wabenregal

Bei der „Dynamischen Bereitstellung“ bewegt sich die Ware zum Kommissionierer.
Er muss die Ware nur noch entnehmen.
Beispiele: Turmregal, Paternosterregal, Karussellregal, Automatisches Kleinteillager

Frage 3:

Vorteile:	Nachteile:
- Geringe Investitionskosten - Geringe Störanfälligkeit durch einfache Technik - Zugriff auf die Ware direkt (z. B. Eilaufträge)	- Längere Wegzeiten - Höhere körperliche Belastung - Großer Grundflächenbedarf

Frage 4:
✓ Ein Kundenauftrag wird in mehrere Aufträge nach Lagerzonen unterteilt.
✓ Mehrere Kommissionierer arbeiten an einem Auftrag.
✓ Am Ende werden die Teilaufträge zusammengeführt.

Frage 5:
Pick by Light: Die Pick-by-Light Anzeige besteht mindestens aus einer weithin sichtbaren Blickfangleuchte und einem Quittierknopf, über den die Entnahme vom Kommissionierer bestätigt wird.

Pick by Voice: Die Aufträge werden vom Lagerverwaltungssystem mittels Funk (WLAN) an das Headset des Kommissionierers gesendet. Die Sprachkommandos werden über ein Mikrofon bestätigt.

RFID-Technik: Ein RFID-System (englisch: radio-frequency identification) besteht aus einem Transponder, der sich am oder im Gut befindet und einen kennzeichnenden Code enthält. Durch ein Lesegerät können diese Daten mit dem Warenwirtschaftssystem verknüpft werden.

Frage 6:

Basiszeit:	Organisatorische Maßnahmen (z. B. Ordnen der Belege)
Wegzeit:	Zeit für den Weg zu den Entnahmestellen
Greifzeit:	Zeit an der Entnahmestelle (Herausnehmen, Greifen der Ware)
Totzeit:	Organisation während des Kommissionierens (z. B. Bestand kontrollieren)
Verteilzeit:	Unproduktive Zeit (Pausen, Gespräche, WC-Gang)

Frage 7:

- Fifo-Prinzip bei der Auslagerung: Die älteste Ware wird zuerst ausgelagert, z. B. bei verderblichen Lebensmitteln.
- Pick-Pack Verfahren: Kommissionierung und Verpackung erfolgt in einem Arbeitsgang.
- Tara: Verpackungsgewicht

Frage 8: Artikel werden nach ihrer Gängigkeit geordnet. So liegt der langsamgängigste Artikel weiter entfernt.

Frage 9: Ein Collico ist eine zusammenlegbare Kiste aus Metall (Aluminium).

Frage 10:

- Typfehler: Ein falscher Artikel wurde ausgewählt.
- Mengenfehler: Die Stückzahl stimmt nicht.
- Auslassungsfehler: Ein Artikel fehlt / wurde übersprungen.
- Zustandsfehler: Ein Artikel wurde beschädigt oder falsch etikettiert.

Frage 11:

✓ Gute Kenntnis der Lagerwege zur Vermeidung von Fehlwegen
✓ Lagerung der „A-Güter / Schnelldreher" am Regalanfang
✓ Einbindung von Durchlaufregalen
✓ Einsatz von Kommissionierfahrzeugen bei längeren Wegen
✓ Parallele Kommissionierung

Frage 12:

- Kommissionierleistung: $\frac{\text{Anzahl der Pickpositionen}}{\text{Stunde}}$

- Fehlerquote: $\frac{\text{Kommissionierfehler x 100}}{\text{Anzahl der Kommissionierungen}}$

- Kommissionierkosten je Auftrag: $\frac{\text{Kommissionierkosten gesamt}}{\text{Anzahl der Aufträge}}$

- Kommissionierkosten je Position: $\frac{\text{Betriebskosten je Stunde}}{\text{Kommissionierleistung je Stunde}}$

Frage 13:
✓ Schrumpffolie, Stretchfolie
✓ Umreifungsband
✓ Kantenschutzleisten
✓ Paletten-Sicherungsnetz
✓ Antirutschpapier

Frage 14:

Containernamen	**Beispiele für Ladung**
a) Flatrack-Container	Ladung mit Überbreite, z. B. Maschinen
b) Opentop-Container	Ladung mit großer Höhe, die z. B. mit Kran beladen werden
c) Plattform-Container	Ladung mit Überdimension, z. B. Schiffe

Frage 15:

Mindestalter: 18 Jahre
Geeignete Ausbildung in Theorie und Praxis
Persönliche Eignung (Zuverlässigkeit, Gesundheit)
Schriftlicher Fahrauftrag vom Unternehmen
Bei Fahrten außerhalb des Betriebes muss ein Fahrausweis vorliegen.

F. Verpackung

Frage 1: Erklären Sie kurz folgende Fachbegriffe:
- Packgut
- Packmittel
- Packstück
- Packung

Frage 2: Welche Funktionen erfüllt die Verpackung grundsätzlich?

Frage 3: Welche Arten von Packhilfsmittel kennen Sie? Zählen Sie Beispiele auf.

Frage 4: In welche Kategorien lassen sich Kosten für das Verpacken einteilen?

Frage 5: Sie möchten der Diebstahlgefahr vorbeugen. Welche Packmittel und Packhilfsmittel sind dazu geeignet?

Frage 6: Nennen Sie Packmittel aus Holz und zählen Sie 4 Vorteile auf.

Frage 7: Was ist ein Big Bag und wofür wird er verwendet?

Frage 8: Welches sind die rechtlichen Grundlagen für die Vermeidung, Verwertung und Entsorgung von Verpackungen?

Frage 9: Ergänzen Sie folgende Tabelle:

	Außenabmessungen in cm / m	**Tragfähigkeit in kg**	**Stapelbarkeit**
Euro-Palette		(bei beliebiger Lastenverteilung)	bis zu
Euro-Gitterboxpalette			bis zu
20-Fuß Container			bis zu
40-Fuß Container			bis zu

Frage 10: Wann darf folgendes Symbol auf der Verpackung verwenden werden?

Frage 11: Welche Pflichten haben Sie beim Verpacken von Gefahrgütern?

Frage 12: Für welche Bereiche des Transportwesens finden die „IATA-Bestimmungen“ und der „IMDG-Code“ Anwendung?

Frage 13: Erklären Sie die Bedeutung folgender Zeichen:

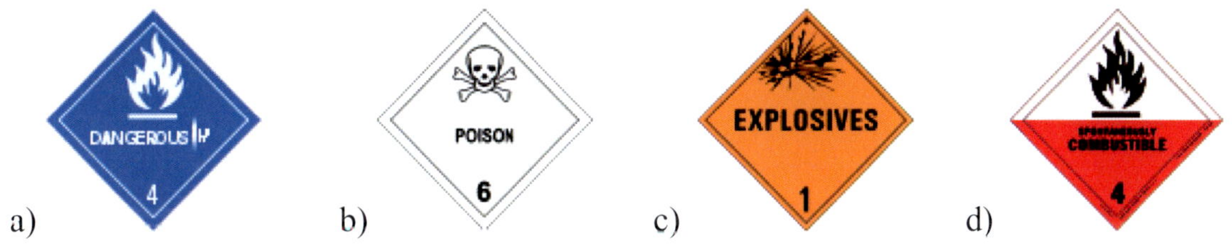

Frage 14: Ein Packmittel trägt folgenden UN-Code:

(un) 1B1 / Y 30 / S / 09 / D / BAM 412 / Wemper

Erklären Sie die Bedeutung der Buchstaben / Zahlen.

a) (un)
b) S
c) D
d) BAM 412
e) Wemper

Frage 15: Wo erfolgt die Kennzeichnung von gefährlichen Gütern?

Lösungen zu Fragenblock F

Frage 1:

Packgut:	Die Ware, die verpackt werden soll.
Packmittel:	Dient zur Verpackung des Packguts (z. B. Tüte, Sack, Flasche...)
Packstück:	Fertige, transportfähige Einheit (z. B. Palette mit Müsli-Kartons)
Packung:	Packgut mit Verpackung (z. B. Packung mit Schokoladen-Müsli)

Frage 2:

Schutzfunktion	Lagerfunktion	Transportfunktion
Verkaufsfunktion	Informationsfunktion	Werbefunktion

Frage 3:
- Schutzmittel, z. B. Luftpolsterfolie, Papier, Holzwolle
- Schließmittel, z. B. Klebeband, Folienumhüllung, Umreifung
- Kennzeichnungsmittel, z. B. Warnetiketten, Markierungsetiketten, Begleittaschen

Frage 4:

Löhne und Gehälter	Materialkosten	Betriebsmittelkosten	Raumkosten

Frage 5:

Undurchsichtige Folie	Neutrale Verpackung	Umreifungsband
Sicherheits-Klebeband	Elektronische Sicherung	Sicherung durch Plombe

Frage 6: Packmittel aus Holz: Europalette, Holzkiste, Seekiste, Verschlag, Kantholzkonstruktion

Vorteile:
✓ Verwendung von heimischen Holz möglich (kein Import)
✓ Stabile Verpackung
✓ Nachwachsender Rohstoff
✓ Einfache Entsorgung / Rückgabe

Frage 7: Ein Big Bag (englisch: großer Sack) ist ein flexibler Schüttgutbehälter. Die international gebräuchliche Kurzbezeichnung lautet FIBC (**F**lexible **I**ntermediate **B**ulk **C**ontainer). Er wird für Schüttgut verwendet, z. B. Kies, Sand ...

Frage 8:
Kreislaufwirtschaftsgesetz
Verpackungsverordnung

Frage 9:

	Außenabmessungen	**Tragfähigkeit in kg**	**Stapelbarkeit**
Euro-Palette	120 x 80 x 14,4 cm	1000 kg (bei beliebiger Lastenverteilung)	bis zu 4-fach
Euro-Gitterboxpalette	120 x 83,5 x 98 cm	1500 kg	bis zu 4-fach
20-Fuß Container	6,198 x 2,438 x 2,591 m	21.670 kg	bis zu 9-fach
40-Fuß Container	12,192 x 2,438 x 2,591 m	26.480 kg	bis zu 9-fach

Frage 10: Der "Grüne Punkt" darf auf einer Verpackung verwendet werden, wenn der Hersteller oder Vertreiber der Verpackung Lizenzgebühren an ein duales System, wie die DSD GmbH (Duales System Deutschland), gezahlt hat, das die Entsorgung und das Recycling sicherstellt.

Frage 11:

Auswahl des geeigneten Packmittels zum jeweiligen Gefahrgut
Prüfung der Bauartzulassung auf dem Packmittel (UN-Zulassungsnummer)
Prüfung der einwandfreien Beschaffenheit des Packmittels (z. B. Risse, Dichtigkeit,...)
Zusammenpackverbote beachten.
Gewichts- und Füllgrenzen beachten.
Sorgfältiges Verschließen des Packstücks

Frage 12:

- **D**angerous **G**oods **R**egulations (DGR) ist ein Regelwerk für den Transport von Gefahrgut im Luftverkehr der IATA (**I**nternational **A**ir **T**ransport **A**ssociation).
- Der IMDG-Code (**I**nternational **M**aritime Code for **D**angerous **G**oods) ist die Gefahrgutkennzeichnung für gefährliche Güter im Seeschiffsverkehr.

Frage 13:

a) Klasse 4.3 - Stoffe, die in Berührung mit Wasser entzündliche Gase bilden.
b) Klasse 6.1 - Giftige Stoffe
c) Klasse 1 - Explosive Stoffe
d) Klasse 4.2 - Selbstentzündliche Stoffe

Frage 14:

(UN) 1B1 / Y 30 / S / 09 / D / BAM 412 / Wemper

a) (UN) = United Nations (Vereinte Nationen)
b) S = Solid (Stoffart, hier fester Stoff)
c) D = Deutschland (Nationalkennzeichen vom Zulassungsstaat)
d) BAM 412 = Bundesanstalt für Materialforschung und -prüfung, Zahl entspricht Prüfnummer
e) Wemper = Hersteller (Kurzzeichen)

Frage 15:

- Auf dem Packstück (Gefahrgutzettel)
- Begleitpapier (Frachtbrief)
- Auf dem Transportmittel (z. B. Warntafel am LKW)

G. Fachrechnen

Frage 1: Ihnen wird ein Grundstück für ein neues Lagerhaus angeboten. Das Grundstück ist 36 m breit und 42 m lang. Der Preis pro m^2 beträgt 48,50 €. Wie hoch ist der Kaufpreis?

Situation zu den Fragen 2 - 4
Die Grundfläche eines Lagers mit nur einem Geschoss beträgt 65 m x 42 m.
Die Verkehrsflächen nehmen 12 % der Fläche in Anspruch.

Frage 2: Wie hoch ist die reine Lagerfläche (Nettolagerfläche)?

Frage 3: Die Fußleisten werden erneuert. Wie hoch sind die Materialkosten, wenn pro Meter Fußleiste 14,50 € für Material anfallen?

Frage 4: Zurzeit befinden sich im Lager 2048 Europaletten. Ermitteln Sie den Flächennutzungsgrad. Rechnen Sie mit 2 Stellen hinter dem Komma.

Frage 5: Eine Frachtsendung besteht aus folgenden Einheiten:
- 6 Pakete mit einem Gewicht von je 16,5 kg
- 4 Pakete mit einem Gewicht von je 34,250 kg
- 6 Europaletten zu je 758 kg
- 2 Gitterboxpaletten zu je 532 kg

Wie hoch ist das Gesamtgewicht der Frachtsendung in Tonnen?

Frage 6: Ein Sattelauflieger hat eine Länge von 13,62 Metern, eine Breite von 2,48 Metern und eine Höhe von 2,30 Metern. Der Laderaum ist zu 80 % mit Getreide gefüllt. Wie viele m^3 Getreide befinden sich im Auflieger?

Frage 7: 2 Maschinen sollen in je einer Holzkiste verschickt werden. Die Maße für 1 Holzkiste betragen 1,95 m x 1,45 m x 0,95 m. Wie viel Holz wird für die gesamte Holzkiste benötigt?

Frage 8: Das Bruttogewicht einer Ware beträgt 1,004 Tonnen. Das Gewicht der Tara ist 5,5 % vom Nettogewicht. Wie hoch ist das Nettogewicht der Ware in kg?

Frage 9: Eine Fachkraft für Lagerlogistik in Teilzeit verdient 1.250,00 € brutto im Monat. Sie erhält aufgrund ihrer guten Leistungen eine Gehaltserhöhung von 6 %. Wie hoch ist ihr neues Gehalt?

Frage 10: Ein Unternehmen hat seinen Umsatz um 7,5 Prozent auf jetzt 75.350,00 € steigern können. Wie hoch war der Umsatz vor der Steigerung?

Frage 11: Drei Kaufleute betreiben gemeinsam ein Unternehmen. Dieses Unternehmen wirft einen Gewinn von 120.000 € ab, der nach der Geschäftsbeteiligung verteilt werden soll. Kaufmann A ist zu $^1/_3$ beteiligt, Kaufmann B zu $^1/_4$, Kaufmann C gehört der Rest. Wie hoch ist der Gewinnanteil von Kaufmann C?

Frage 12: Für eine neue Maschine zum Kaufpreis von 132.000,00 € wird kurzfristig ein Kontokorrentkredit für die Zeit vom 12.04. - 15.05. aufgenommen. Die Bank berechnet für diesen Kredit 7,5 % Zinsen. Wie viel Zinsen sind zu zahlen?

Frage 13: Wir erhalten ein Lieferantendarlehen für den Zeitraum von 28.01. bis 04.04., für das wir 145,26 € Zinsen bei einem Zinssatz von 8 % zahlen. Wie hoch war das Darlehen?

Situation zu den Fragen 14 - 15

In Ihrem Betrieb soll eine ABC-Analyse durchgeführt werden. Dazu werden folgende Werte festgelegt:

Wertanteil	Kategorie
ca. 70 %	A-Güter
ca. 20 %	B-Güter
ca. 10 %	C-Güter

Ihnen werden folgende Verbrauchsdaten mitgeteilt:

Artikelnummer	Verbrauch	Preis in € pro Stück
1	120.000	0,35
2	3.000	45,00
3	52.000	0,04
4	6.580	14,75
5	4.200	0,12
6	12.500	8,75
7	23.800	2,15
8	85.000	0,62
9	52.000	0,12
10	35.000	0,30

Frage 14: Wenden Sie die ABC-Analyse an und unterteilen Sie die Artikel entsprechend.

Frage 15: Welche Aussage zu den Produkten der Kategorie A lässt sich machen?

Lösungen zu Fragenblock G

Frage 1: 36 m x 42 m = 1512 m² 1512 m² x 48,50 € = **73.332,00 € Kaufpreis**

Frage 2: 65 m x 42 m = 2730 m² Bruttolagerfläche
12 % von 2730 m² = 327,6 m² Verkehrsfläche

Bruttolagerfläche - Verkehrsfläche = Nettolagerfläche
2730 m² - 327,6 m² = **2402,4 m² Nettolagerfläche**

Frage 3: 65 m + 65 m + 42 m + 42 m = 214 m Umfang
214 m x 14,50 € = **3.103,00 € Materialkosten**

Frage 4: Eine Europalette hat die Maße 1,20 m x 0,80 m = 0,96 m²
2048 Europaletten x 0,96 m² = 1966,08 m² Fläche belegt durch Europaletten

2730 m² = 100 %
1966,08 m² = X

$$X = \frac{100\ \% \times 1966{,}08\ m^2}{2730\ m^2} \qquad \mathbf{X = 72{,}02\ \%}$$

(Anmerkung: Der Flächennutzungsgrad bezieht sich auf die Bruttolagerfläche.)

Frage 5:

6 Pakete x 16,500 kg	= 99 kg
4 Pakete x 34,250 kg	= 137 kg
6 Europaletten x 758 kg	= 4548 kg
2 Gitterboxpaletten x 532 kg	= 1064 kg
	5848 kg = **5,848 t Gesamtgewicht**

Frage 6: 13,62 m x 2,48 m x 2,30 m = 77,688 m³ Gesamtkapazität
77,688 m³ x 0,8 = **62,150 m³** Getreide befinden sich im Auflieger.

Frage 7: 2 x 1,95 m x 1,45 m + 2 x 1,95 m x 0,95 m + 2 x 1,45 m x 0,95 m
5,655 m² + 3,705 m² + 2,755 m² = 12,115 m² pro Kiste
12,115 m² x 2 Kisten = **24,23 m² Holz**

Frage 8: 105,5 % = 1004 kg
100 % = X

$$X = \frac{1004\ kg \times 100\ \%}{105{,}5\ \%} \qquad X = \mathbf{951{,}659\ kg}$$

Frage 9: 100 % = 1250,00 €
106 % = X

$$X = \frac{1250{,}00\ € \times 106\ \%}{100\ \%} \qquad X = \mathbf{1325{,}00\ €}$$

Frage 10: 107,5 % = 75.350,00 €
100 % = X

$$X = \frac{75.350{,}00\ € \times 100\ \%}{107{,}50\ \%} \qquad X = \mathbf{70.093{,}02\ €}$$

Frage 11: Kaufmann A: $^{1}/_{3}$ Anteil = $^{4}/_{12}$
Kaufmann B: $^{1}/_{4}$ Anteil= $^{3}/_{12}$
Kaufmann C: Restanteil = $^{5}/_{12}$ vom Gewinn

$$\frac{120.000{,}00\ € \times 5\ \text{Anteile}}{12\ \text{Anteile}} = \mathbf{50.000{,}00\ €}$$

Frage 12:

$$\text{Zinsen} = \frac{\text{Kapital x Zinssatz x Tage}}{100 \times 360} = \frac{132.000{,}00\ € \times 7{,}5\ \% \times 33\ \text{Tage}}{100 \times 360} = \mathbf{907{,}50\ €}$$

Frage 13:

$$\text{Kapital} = \frac{\text{Zinsen x 100 x 360}}{\text{Zinssatz x Tage}} = \frac{145{,}26\ € \times 100 \times 360}{8\ \% \times 66\ \text{Tage}} = \mathbf{9.904{,}09\ €}$$

Frage 14:

Artikelnummer	Verbrauch	Preis in € pro Stück	Kosten in €	Anteil in %	Klasse
1	120000	0,35	42.000,00	8,29	**C**
2	3000	45,00	135.000,00	26,65	**A**
3	52000	0,04	2.080,00	0,41	**C**
4	6580	14,75	97.055,00	19,16	**A**
5	4200	0,12	504,00	0,1	**C**
6	12500	8,75	109.375,00	21,59	**A**
7	23800	2,15	51.170,00	10,10	**B**
8	85000	0,62	52.700,00	10,40	**B**
9	52000	0,12	6.240,00	1,23	**C**
10	35000	0,30	10.500,00	2,07	**C**
			506.624,00	100 %	

Frage 15: Die A-Güter haben einen relativ geringen Mengenanteil, aber einen sehr hohen Kostenanteil. Auf diese Produkte ist besonders zu achten!

H. Versand von Gütern

Frage 1: Was ist unter Werkverkehr zu verstehen?

Frage 2: Ein Auszubildender stellt Ihnen Fragen zum Frachtbrief:
a) Muss ein Frachtbrief ausgestellt werden?
b) Welche Angaben stehen in einem Frachtbrief?
c) Wer erhält eine Ausfertigung?

Frage 3: Erklären Sie das Recht des Absenders auf „Nachträgliche Weisung“ nach § 418 HGB. Nennen Sie hierfür 3 Beispiele.

Frage 4: Nach welchen Kriterien wird ein Verkehrsträger ausgewählt? Nennen Sie 6 Kriterien.

Frage 5: Nennen Sie je 5 Vorteile der Verkehrsträger „Straßengüterverkehr“ und „Eisenbahnverkehr“.

Frage 6: Wofür wird ein CIM-Frachtbrief benötigt? Welche Aufgaben haben die Durchschreibeblätter?

Frage 7: Erklären Sie kurz folgende Zollpapiere:
- Ursprungszeugnis (Von wem wird es ausgestellt?)
- Zolleinheitspapier
- Handelsfaktura
- Gesundheitszeugnis

Frage 8: Was ist ein Spediteur?

Situation zu den Fragen 9 - 11
Sie arbeiten im Versandbüro und sind beauftragt, bei der Planung verschiedener Sendungen und der Auswahl der passenden Verkehrsmittel mitzuwirken. Begründen Sie Ihre Entscheidungen.

Frage 9: Es sollen 28,5 t Stahlträger von Ahrensburg (20 km entfernt von Hamburg) nach Hannover transportiert werden.

Frage 10: Für eine deutsche Spezialitätenwoche eines Hotels in Wien sollen 6 kg Sylter Austern vom Hamburger Großmarkt bis Morgen 10.00 Uhr angeliefert werden.

Frage 11: 68 t Raps sind von Hamburg nach Valladolid (Stadt mit ca. 320.000 Einwohnern im Landesinneren von Spanien) zu transportieren.

Frage 12: Nennen Sie 12 Kriterien, die bei einer Tourenplanung berücksichtigt werden müssen.

Frage 13: Nennen Sie Größenbegrenzungen und Gewichtsbegrenzungen folgender Lastkraftwagen:
- Einzelfahrzeug
- Lastzug
- Sattelzug (Sattelschlepper)

Frage 14: Beschreiben Sie kurz folgende Meeresstraßen / Kanäle:

Öresund	Straße von Gibraltar	Nord-Ostsee-Kanal
Panama-Kanal	Suez-Kanal	

Frage 15: Erklären Sie folgende Begriffe zur Sicherung der Ladung:
- VDI-Ladungssicherungen
- Kraftschlüssige Ladungssicherung
- Formschlüssige Ladungssicherung

Lösungen zu Fragenblock H

Frage 1: Beförderung von Gütern, die eigenen Zwecken dient und mit eigenen, von eigenem Personal gesteuerten Kraftfahrzeugen durchgeführt wird. Die Beförderung darf nur eine Hilfstätigkeit im Rahmen der Gesamttätigkeit sein. Die beförderten Güter müssen Eigentum des Unternehmens oder von ihm verkauft, gekauft, vermietet, gemietet oder Instand gesetzt worden sein.

Vom Werkverkehr ist der gewerbliche Güterverkehr zu unterscheiden, dessen Merkmale die geschäftsmäßige oder entgeltliche Beförderung von Gütern sind.

Frage 2:
a) Die Ausstellung eines Frachtbriefes ist im Inland nicht vorgeschrieben. Der Frachtführer kann vom Absender die Ausstellung eines Frachtbriefes verlangen. Im internationalen Verkehr ist ein Frachtbrief gesetzlich jedoch vorgeschrieben.

b) Angaben im Frachtbrief:

Ort und Tag der Ausstellung
Name und Anschrift des Absenders
Name und Anschrift des Frachtführers
Stelle und Tag der Übernahme des Gutes sowie die für die Ablieferung vorgesehene Stelle
Name und Anschrift des Empfängers und eine etwaige Meldeadresse
Die übliche Bezeichnung der Art des Gutes und die Art der Verpackung
Bei gefährlichen Gütern ihre nach den Gefahrgutvorschriften vorgesehene, sonst ihre allgemein anerkannte Bezeichnung
Anzahl, Zeichen und Nummern der Frachtstücke (Kolli)

c)

1. Absender	2. Transport begleitend	3. Frachtführer

Frage 3: Der Absender darf auch während des Transportes über das Gut verfügen. Beispiele: Weiterbeförderung unterbinden, Bestimmungsort ändern, Ablieferungsstelle ändern oder anderen Empfänger festlegen.

Frage 4:

Sicherheit	Pünktlichkeit / Zuverlässigkeit	Preis
Dauer des Transportes	Umweltaspekte	Gesetzliche Vorschriften
Warenbehandlung	Beweglichkeit (z. B. Stadt)	Kapazität

Frage 5:

Straßengüterverkehr	Eisenbahnverkehr
- Direktverkehr (Haus zu Haus) - Kurze Lieferzeiten (schnell) - Flexibel - Kundenwünsche können leicht berücksichtigt werden. - Relativ günstig bei kleinen und mittleren Volumen	- Kostengünstig bei großem Volumen - Unabhängig vom Straßenverkehr (Baustellen, Stau) - Keine Fahrverbote an Sonn- und Feiertagen - Spezialtransporte für schwere, überbreite Produkte - Hohe Sicherheit - Umweltfreundlich

Frage 6: Bei internationalen Eisenbahn-Transporten ist ein CIM-Frachtbrief vorgeschrieben.

Der Frachtbrief besteht aus 5 Durchschreibeblättern:

Frachtbrief für den Empfänger
Frachtkarte als Abrechnungsblatt am Empfangsbahnhof
Empfangsschein für die Empfangsbahn
Frachtdoppelbrief für den Absender
Versandschein für die Versandbahn

Frage 7:

Ursprungszeugnis
Die Industrie- und Handelskammer stellt ein Zeugnis über den Ursprung der Ware aus.

Zolleinheitspapier
Das Einheitspapier wurde mit Wirkung vom 1. Januar 1988 als einheitliche Zollanmeldung in der EG geschaffen. Das Einheitspapier für schriftliche Zollanmeldungen wird nach und nach durch die elektronische Zollanmeldung ersetzt.

Handelsfaktura
Rechnung des Herstellers. Sie dient als Grundlage für die Berechnung der Zollabgaben.

Gesundheitszeugnis
Beim Export und Import von lebenden Tieren wird in der Regel ein Gesundheitszeugnis benötigt.

Frage 8: Ein Spediteur ist ein Dienstleistungsunternehmen, der die Versendung von Waren besorgt. Dieses umfasst hauptsächlich die Organisation der Beförderung. Er wählt das Beförderungsmittel und die ausführenden Unternehmen (Frachtführer) aus.

Frage 9: Transport per LKW von Ahrensburg nach Hannover. Die Orte liegen nicht weit auseinander. Die Stahlträger lassen sich vom Gewicht gut per LKW transportieren, wenn die Maße stimmen.

Frage 10: Transport per Flugzeug. Es steht nicht viel Zeit zur Verfügung und das Gewicht ist relativ gering. Dies ist günstig, da der Transport per Flugzeug pro kg relativ teuer ist.

Frage 11: Transport per Bahn oder LKW. Hier kann der Preis eine große Rolle spielen. Da Valladolid im Landesinneren liegt, ist ein Transport per Schiff wohl nicht möglich.

Frage 12:

Art der Ware	Menge	Verpackung
Entfernung	Gewünschte Anlieferungszeit	Ladekapazität
Verfügbarkeit des Fahrzeugs	Zusammenladeverbote	Arbeitszeit Fahrer (Pausen)
Wegstrecke (Autobahn ...)	Kosten (Treibstoff)	Zugänglichkeit des Stauraums

Frage 13:

	Maximale Maße (Höhe x Breite x Länge)	**Maximales Gewicht**
Einzelfahrzeug	4 m x 2,55 m x 12,00 m	25 Tonnen
Lastzug	4 m x 2,55 m x 18,75 m	40 Tonnen
Sattelzug (Sattelschlepper)	4 m x 2,55 m x 16,50 m	40 Tonnen

Frage 14:
Öresund: Meerenge zwischen Seeland (Dänemark) und Schonen (Schweden), welche die Ostsee mit dem Kattegat verbindet.

Straße von Gibraltar: Meerenge, die das Mittelmeer mit dem Atlantik verbindet.

Nord-Ostsee-Kanal: Der **N**ord-**O**stsee-**K**anal (NOK; internationale Bezeichnung Kiel Canal) verbindet die Nordsee (Elbmündung) mit der Ostsee (Kieler Förde). Diese Bundeswasserstraße ist nach Anzahl der Schiffe die meistbefahrene künstliche Wasserstraße der Welt.

Panama-Kanal: Wasserstraße, die die Landenge von Panama in Mittelamerika durchschneidet, den Atlantik mit dem Pazifik für die Schifffahrt verbindet und ihr damit die Fahrt um das Kap Horn an der Südspitze Südamerikas erspart.

Suez-Kanal: Schifffahrtskanal in Ägypten zwischen den Hafenstädten Port Said und Port Taufiq bei Sues, der das Mittelmeer über den Isthmus von Sues mit dem Roten Meer verbindet und der Seeschifffahrt zwischen Nordatlantik und Indischem Ozean den Weg um Afrika erspart.

Frage 15:

- VDI-Ladungssicherungen: Die VDI-Richtlinienreihe VDI 2700 „Ladungssicherung auf Straßenfahrzeugen" gilt als anerkanntes Grundlagenwerk der Ladungssicherung.

- Kraftschlüssige Ladungssicherung: Die Ladung wird z. B. mittels Zurrgurten auf die Ladefläche gepresst (Niederzurren) und dadurch die Reibungskraft erhöht. So wird ein Verrutschen der Ladung verhindert. Der Effekt kann durch Antirutschmatten verstärkt werden.

- Formschlüssige Ladungssicherung: Die Ladung wird entweder durch bündiges, lückenloses Verladen, oder mittels Schräg- oder Diagonalzurren sowie Kopf- oder Buchtlasching gesichert.

I. Fachrechnen im Versandbereich

Frage 1: Sie werden beauftragt, folgende Sendungen über DHL zu versenden. Berechnen Sie die Kosten.

Produkt	Max. Maße (L x B x H)	Preis
DHL Päckchen S (bis 2 kg)	35 x 25 x 10 cm	4,19 €
DHL Päckchen M (bis 2 kg)	60 x 30 x 15 cm	5,19 €
DHL Paket (bis 2 kg)	60 x 30 x 15 cm	6,19 €
DHL Paket (bis 5 kg)	120 x 60 x 60 cm	7,69 €
DHL Paket (bis 10 kg)	120 x 60 x 60 cm	10,49 €
DHL Paket (bis 20 kg)	120 x 60 x 60 cm	18,99 €
DHL Paket (bis 31,5 kg)	120 x 60 x 60 cm	23,99 €

2 Pakete à 18,5 kg,
Maße 85 cm x 58 cm x 56 cm

1 Paket à 30,5 kg,
Maße 65 cm x 54 cm x 54 cm

3 Pakete à 6,5 kg,
Maße 0,98 m x 45 cm x 32 cm

Situation zu den Fragen 2 - 4
Ein 40 Fuß Container hat die Maße 40 Fuß x 8 Fuß x 8,6 Fuß (Länge x Breite x Höhe).
1 Fuß entspricht 30,48 cm.

Frage 2: Berechnen Sie die Grundfläche des Containers in m².

Frage 3: Berechnen Sie den Rauminhalt in m³.

Frage 4: Wie viele Kartons können in 2 Lagen in dem Container gestapelt werden, wenn 1 Kartons 30 cm breit, 55 cm lang und 48 cm hoch ist?

Situation zu den Fragen 5 - 6
Die Maschinenbau AG liefert an einen Kunden in Hildesheim Ersatz- und Zubehörteile für Bagger. Die Teile haben ein Gewicht von 3480 kg und werden auf 5 Euro-Paletten mit je 20 kg Eigengewicht verladen. Die Entfernung beträgt 148 km.

Frage 5: Wie hoch ist die Tara?

Frage 6: Berechnen Sie den Bruttofrachtpreis inkl. Umsatzsteuer.

Preisliste ohne USt / Das Gewicht wird kg-genau berücksichtigt.

Preis pro t	ab 3 t	ab 4 t	ab 5 t	ab 6 t	ab 7 t	ab 8 t
bis 110 km	90,11	69,55	57,20	48,96	43,06	38,62
bis 120 km	96,07	74,12	60,94	52,14	45,85	41,11
bis 130 km	101,85	78,55	64,57	55,23	48,55	43,53
bis 140 km	107,45	82,85	68,08	58,23	51,18	45,87
bis 150 km	112,89	87,03	71,50	61,14	53,73	48,16
bis 160 km	118,19	91,10	74,83	63,98	56,21	50,38
bis 170 km	123,33	95,05	78,07	66,74	58,63	52,55

Frage 7: Für einen Bahntransport von 12450 kg bezahlen wir 348,50 €. Wie teuer wäre ein Bahntransport von 15800 kg, wenn mit den gleichen Tarifen zu rechnen ist?

Situation zu der Frage 8 - 9
Das Ladegewicht beträgt 7,5 Tonnen. Der Gleit-Reibbeiwert μ ist mit 0,4 anzusetzen.
Der Sicherungsfaktor nach vorn beträgt 0,8.

Frage 8: Wie viele daN müssen durch die Ladungssicherung erfolgen?

Frage 9: Wie viele Zurrmittel müssen angelegt werden bei einer Vorspannkraft von je 1000 daN je Zurrmittel?

Situation zu den Fragen 10 - 12
Errechnen Sie die Kosten nach folgender Preisliste. Die Preise verstehen sich ohne Umsatzsteuer.

Preise in €	**1 - 50 kg**	**51 - 70 kg**	**71 - 90 kg**	**91 - 110 kg**	**111 - 150 kg**
1 - 25 km	27,20	32,80	38,40	42,10	48,60
26 - 50 km	28,30	33,10	39,20	43,50	49,80
51 - 76 km	29,60	34,25	40,70	44,90	51,10
77 - 100 km	30,10	35,80	42,10	46,20	52,70
101 - 150 km	32,50	36,60	43,80	47,90	54,10
151 - 200 km	33,30	37,40	45,10	49,50	56,20
200 - 250 km	34,10	39,20	46,20	50,10	58,40

Frage 10: Es sind Kleinteile zu einem Kunden zu transportieren. Das Gewicht der Sendung beträgt 140 kg und die Entfernung 189 km. Errechnen Sie die Bruttofrachtkosten.

Frage 11: Wir versenden Fracht mit einem Gewicht von 88 kg. Der Transportweg beträgt 240 km. Wir erhalten eine Frachtermäßigung von 8 %. Wie hoch ist die Bruttofracht?

Frage 12: Zubehörteile mit einem Gewicht in Höhe von 90,45 kg sollen verschickt werden. Die Holzkiste für die Verpackung wiegt 3,25 kg. Wie hoch ist die Bruttofracht für einen Weg von 105 km, wenn wir einen Rabatt von 12 % auf die Frachtpreise erhalten?

Frage 13: Für die Strecke von Hamburg nach Frankfurt a. M. (493 km) braucht ein LKW 160,5 Liter Diesel. Wie hoch sind die Treibstoffkosten pro 100 km, wenn von einem Preis von 1,24 € pro Liter ausgegangen wird?

Frage 14: Sie versenden ein Ersatzteil im Wert von 158,75 € an einen Kunden. Die Sendung soll per Nachnahme verschickt werden und hat ein Gewicht von 18,5 kg. Wie hoch ist der Nachnahmebetrag inkl. 2 € Übermittlungsentgelt?

Frage 15: Eine Versandsendung mit 30 Kisten ist fertig zu machen. Dafür brauchen 3 Fachkräfte je 10 Stunden bei einer täglichen Arbeitszeit von 7 Stunden. Wie lange würden 5 Fachkräfte für 40 Kisten brauchen?

Lösungen zu Fragenblock I

Frage 1:

2 Pakete à 18,5 kg, Maße 85 cm x 58 cm x 56 cm	= 2 x 18,99 €	= 37,98 €
1 Paket à 30,5 kg, Maße 65 cm x 54 cm x 54 cm	= 1 x 23,99 €	= 23,99 €
3 Pakete à 6,5 kg, Maße 0,98 m x 45 cm x 32 cm	= 3 x 10,49 €	= 31,47 €
Gesamtkosten		**= 93,44 €**

Frage 2:
Grundfläche = Länge x Breite   12,19 m x 2,44 m = **29,7436 m²**

Frage 3:
Volumen = Länge x Breite x Höhe   12,19 m x 2,44 m x 2,62 m = **77,93 m³**

Frage 4:
Länge des Containers : Länge des Pakets   12,19 m : 0,55 m = 22,16 Pakete = 22 Pakete
Breite des Containers : Breite des Pakets   2,44 m : 0,30 m = 8,13 Pakete = 8 Pakete

22 Pakete pro Reihe x 8 Reihen = 176 Pakete
176 Pakete x 2 Lagen = **352 Pakete**

Frage 5: 5 x 20 kg = **100 kg beträgt die Tara.**

Frage 6:
3480 kg + 100 kg = 3580 kg Bruttogewicht

Kosten laut Tabelle (bis 150 km / ab 3 t) = 112,89 € pro t
112,89 € x 3,580 t = 404,15 € netto

404,15 € + 19 % Umsatzsteuer (76,79 €) = **480,94 € Bruttopreis**

Frage 7:

12.450 kg = 348,50 €
15.800 kg = x

$$x = \frac{348{,}50\text{ €} \times 15.800\text{ kg}}{12.450\text{ kg}}$$

x = **442,27 €**

Frage 8:

$$F_V = \frac{f-\mu}{\mu} \times \frac{F_G}{1,5}$$

$$F_V = \frac{0,8-0,4}{0,4} \times \frac{7.500}{1,5} = 1 \times 5000 = \mathbf{5000\ daN}$$

Frage 9: 5000 daN : 1000 daN = **5 Zurrmittel**

Frage 10:
Fracht 140 kg / 189 km = 56,20 € + 19 % Umsatzsteuer = **66,88 € Bruttofrachtkosten**

Frage 11:
Fracht 88 kg / 240 km = 46,20 € - 8 % Frachtermäßigung = 42,50 € Nettofracht
42,50 € + 19 % Umsatzsteuer = **50,58 €**

Frage 12:
90,45 kg + 3,25 kg = 93,7 kg Gesamtgewicht
Fracht 93,7 kg / 105 km = 47,90 € - 12 % Rabatt = 42,15 €
42,15 € + 19 % Umsatzsteuer = **50,16 €**

Frage 13:
493 km = 160,5 Liter
100 km = x

$$x = \frac{160,5 \text{ Liter} \times 100 \text{ km}}{493 \text{ km}} \qquad x = 32,56 \text{ Liter Diesel}$$

32,56 Liter Diesel x 1,24 € = **40,37 €**

Frage 14:

Rechnungsbetrag	158,75 €
+ Paketentgelt	11,90 €
+ Nachnahmeentgelt	4,00 €
= Zahlscheinbetrag	174,65 €
+ Übermittlungsentgelt	2,00 €
Nachnahmebetrag	176,65 €

Der Nachnahmebetrag ist **176,65 €.**

Frage 15:

3 Fachkräfte - 30 Kisten = 10 Stunden
5 Fachkräfte - 40 Kisten = X Stunden

$$X = \frac{10 \text{ Stunden } \times 3 \text{ Fachkräfte} \times 40 \text{ Kisten}}{5 \text{ Fachkräfte} \times 30 \text{ Kisten}} = \mathbf{8\ Stunden}$$

J. Sicherheit / Umweltschutz

Frage 1: Erläutern Sie folgende Verbotszeichen.

Frage 2: Was bedeuten die aufgeführten Warnzeichen?

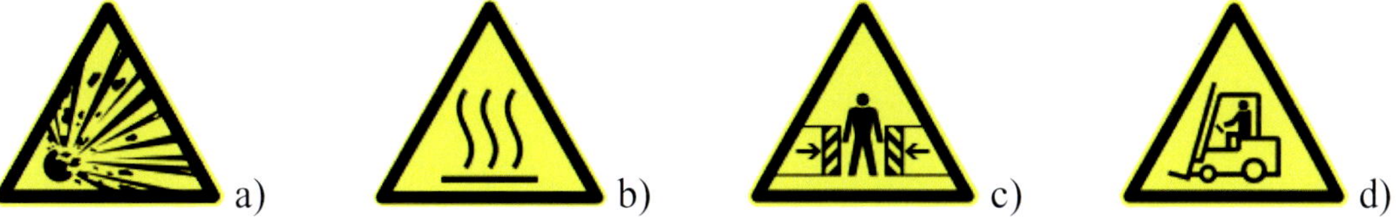

Frage 3: Welche Bedeutung haben die folgenden Zeichen und zu welcher Gruppe von Zeichen gehören sie?

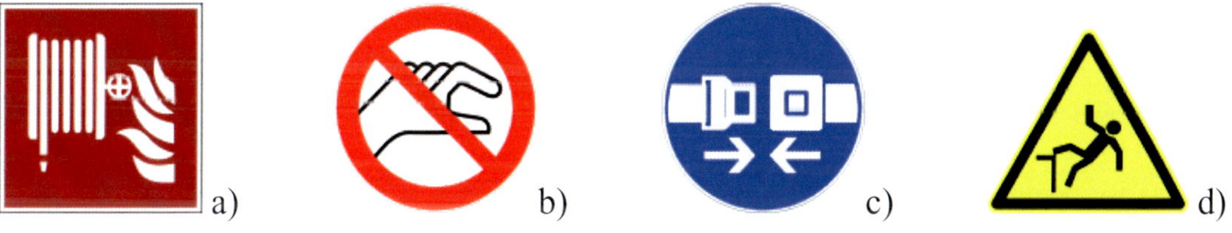

Frage 4: Welche Bedeutung haben die folgenden Zeichen und zu welcher Gruppe von Zeichen gehören sie?

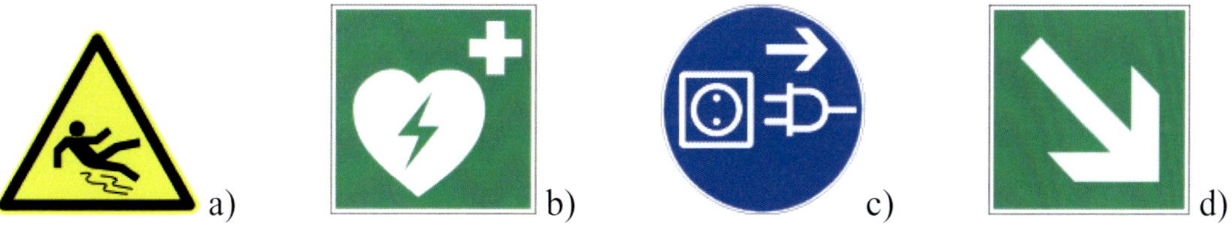

Frage 5: Welche Bedeutung haben die folgenden Gefahrenpiktogramme?

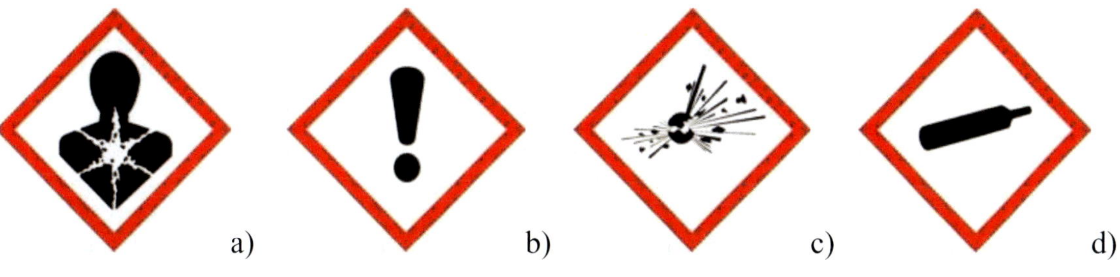

Frage 6: Wie haben Sie sich bei einem Unfall im Betrieb zu verhalten?

Frage 7: Erklären Sie die „5-W-Fragen" bei der Meldung eines Unfalls.

Frage 8: Nennen Sie 4 Aufgaben der Berufsgenossenschaft.

Frage 9: Wer überwacht die Einhaltung der Vorschriften des technischen, medizinischen und sozialen Arbeitsschutzes?

Frage 10: Wie verhalten Sie sich im Brandfall?

Frage 11: Wie heißt die Verordnung über die innerstaatliche und grenzüberschreitende Beförderung gefährlicher Güter auf der Straße, mit Eisenbahn und auf Binnengewässern?

Frage 12: Nennen Sie 5 Maßnahmen, wie Umweltschutz in der Verwaltungsabteilung umgesetzt werden kann.

Frage 13: Welchen Zweck hat das Kreislaufwirtschaftsgesetz im Allgemeinen?

Frage 14: Was sind alternative Energien?

Frage 15: Was ist unter „Immission" nach dem Bundes-Immissionsschutzgesetz zu verstehen?

Lösungen zu Fragenblock J

Frage 1:
a) Abstellen oder lagern verboten.
b) Bedienung mit Krawatte verboten.
c) Kein Trinkwasser
d) Verbot für Personen mit Implantaten aus Metall

Frage 2:
a) Warnung vor explosionsgefährlichen Stoffen
b) Warnung vor heißer Oberfläche
c) Warnung vor Quetschgefahr
d) Warnung vor Flurförderzeugen

Frage 3:
a) Brandschutzzeichen: Löschschlauch
b) Verbotszeichen: Hineinfassen verboten.
c) Gebotszeichen: Sicherheitsgurt benutzen.
d) Warnzeichen: Warnung vor Absturzgefahr

Frage 4:
a) Warnzeichen: Warnung vor Rutschgefahr
b) Rettungszeichen: Automatisierter Externer Defibrillator
c) Gebotszeichen: Vor Öffnen Netzstecker ziehen.
d) Rettungszeichen: Richtungsangabe für Erste-Hilfe-Einrichtungen, Rettungswege, Notausgänge

Frage 5:
a) Gefahr oder Achtung: Systemische Gesundheitsgefährdungen
b) Achtung giftig, gesundheitsschädlich; Ätz- oder Reizwirkung
c) Gefahr, Unstabil, Explosionsgefahr
d) Achtung, komprimierte Gase

Frage 6:
✓ Ruhig bleiben.
✓ Unfallstelle absichern, damit nicht noch weitere Personen gefährdet werden.
✓ Evtl. Personen aus Gefahrenbereich bergen.
✓ Maßnahmen zur Lebensrettung ergreifen (z. B. Mund-zu-Nase-Beatmung, Druckverband zur Blutstillung).
✓ Hilfe holen / Notruf absetzen.
✓ Verletzte/n bis zum Eintreffen vom Rettungsdienst / Arzt weiter betreuen.

Frage 7: Die „5-W-Fragen“ unterstützen einen effizienten Ablauf der Unfallmeldung.

<table>
<tr><td>Wo geschah es?</td><td colspan="2">Was geschah?</td><td>Wie viele Verletzte?</td></tr>
<tr><td colspan="2">Welche Art von Verletzungen?</td><td colspan="2">Warten auf Rückfragen!</td></tr>
</table>

Frage 8:
- Träger der gesetzlichen Unfallversicherung und Erbringung von Leistungen
- Erlass von Unfallverhütungsvorschriften
- Überwachung der Durchführung von Maßnahmen zur Verhütung von Arbeitsunfällen
- Beratung der Unternehmen und Beschäftigten (§ 17 Abs. 1 SGB VII)

Frage 9: Gewerbeaufsichtsamt

Frage 10:
✓ Ruhe bewahren.
✓ Alarm auslösen.
✓ Türen des Raumes, in dem es brennt, schließen.
✓ Kleinen Brandherd selbst bekämpfen.
✓ Vorgeschriebene Fluchtwege benutzen.
✓ Gebäude durch Ausgänge und Notausgänge verlassen.
✓ Außerhalb des Gebäudes an sicherer Stelle sammeln und prüfen, ob jemand fehlt.

Frage 11: Gefahrgutverordnung Straße, Eisenbahn und Binnenschifffahrt – GGVSEB

Frage 12:

Abfälle trennen (Papier, Kunststoff, Glas …).
Batterien und Akkus fachgerecht entsorgen.
Moderne Beleuchtungsanlagen einsetzen (Energiesparlampen).
Beleuchtung in leeren Büros / Räumen ausschalten.
Effizientes Lüften (Stoßlüften).
Bei Neuanschaffung von Bürogeräten auf die Energieeffizienz achten.

Frage 13: Nach § 1 des KrWG ist der Zweck die Förderung der Kreislaufwirtschaft zur Schonung der natürlichen Ressourcen und die Sicherung der umweltverträglichen Bewirtschaftung von Abfällen.

Frage 14: Energieträger, die im Rahmen des menschlichen Zeithorizonts praktisch unerschöpflich zur Verfügung stehen oder sich verhältnismäßig schnell erneuern. Beispiele: Windkraft, Wasserkraft, Sonnenenergie, Erdwärme

Frage 15: Immissionen sind schädlichen Umwelteinwirkungen durch Luftverunreinigungen (Staub, Gase), Geräusche (Lärm), Erschütterungen, Licht, Hitze, Strahlen und ähnliche Vorgänge.

II. Rationeller und qualitätssichernder Güterumschlag

A. Einsatz von Arbeitsmitteln

Frage 1: Im Wareneingangsbereich Ihres Betriebes werden Kartons gewogen. Wann ist laut Eichgesetz eine Eichung der Waage vorgesehen? 1 richtige Antwort

a) Alle 6 Monate
b) Alle 12 Monate
c) Alle 18 Monate
d) Alle 24 Monate

Frage 2: Für die Inventur sind Kleinteile in größeren Mengen zu erfassen. Welches Gerät wäre dazu besonders geeignet? 1 richtige Antwort

a) Balkenwaage
b) Personenwaage
c) Zählwaage
d) Waage

Frage 3: Welche Institution ist für die Überwachung von Waagen zuständig? 1 richtige Antwort

a) TÜV
b) DEKRA
c) Eichanstalt
d) Eichamt

Frage 4: Welche Aussagen zu "Stetigförderern" sind richtig? 2 richtige Antworten

a) Sie sind besonders für kleine Stückzahlen geeignet.
b) Die Nutzung ist relativ leicht zu lernen.
c) Die Strecke ist bei Stetigförderern vorgegeben.
d) Die Investitionskosten sind unerheblich.

Frage 5: Welches sind „Unstetigförderer“? 2 richtige Antworten

a) Gabelstapler
b) Drehkran
c) Rutsche
d) Rollenbahn

Frage 6: Welche Aussage zu "flurfreien Fördermitteln" ist richtig? 1 richtige Antwort

a) Sie haben keinen Kontakt zum Boden, sondern sind z. B. an der Decke befestigt.
b) Sie fahren auf dem Lagerboden.
c) Sie werden durch Induktionsschleifen gelenkt, die unter dem Boden verlegt sind.
d) Sie bewegen sich auf Schienen, die im Boden verankert sind.

Frage 7: Wie kann die Durchlaufzeit verkürzt und somit der Materialfluss optimiert werden? 2 richtige Antworten

a) Verzicht auf ökologische Maßnahmen
b) Verkürzung der Pausen der Arbeitnehmer
c) Schneller Transport
d) Keine Wartezeiten für Fördermittel

Frage 8: Ordnen Sie formstabile und forminstabile Förderhilfsmittel entsprechend zu.

1. Fass 2. Sack 3. Gitterbox 4. Tablar 5. Netz 6. Gabelstapler	a) Formstabiles Förderhilfsmittel b) Forminstabiles Förderhilfsmittel c) Kein Förderhilfsmittel

Frage 9: Welche Aussage zum Heben und Tragen von Lasten ist richtig? 1 richtige Antwort

a) Lasten sollten mit ausgestreckten Armen gehoben werden.
b) Nutzen Sie zunächst die Kraft aus den Beinen.
c) Heben Sie Lasten ruckartig auf.
d) Kombinieren Sie das Heben mit einer gleichzeitigen Drehbewegung des Oberkörpers.

Frage 10: Wer ist im Betrieb für die Arbeitssicherheit verantwortlich? 1 richtige Antwort

a) Eigentümer
b) Sicherheitsbeauftragter
c) Betriebsrat
d) Berufsgenossenschaft

Frage 11: Ordnen Sie entsprechend zu.

1. Laderampe aus Beton 2. Mobile Krananlage 3. Ladebrücke 4. Container-Krananlage	a) Statische Verladeeinrichtung b) Dynamische Verladeeinrichtung

Frage 12: Ab wie vielen Mitarbeitenden ist ein Sicherheitsbeauftragter zu stellen?
1 richtige Antwort

a) Ab 5 Mitarbeitern
b) Ab 10 Mitarbeitern
c) Ab 20 Mitarbeitern
d) Ab 50 Mitarbeitern

Frage 13: Welche Aussagen zur Betriebsanweisung sind richtig? 2 richtige Antworten

a) Eine Betriebsanweisung kann praxisnahe Informationen über Verhaltensweisen und Schutzmaßnahmen enthalten.
b) Der Unternehmer hat zu kontrollieren, ob Betriebsanweisungen befolgt werden.
c) Eine Betriebsanweisung ersetzt die Einweisung an der jeweiligen Maschine.
d) Bei Arbeits- und Packhilfsmitteln sollte eine Betriebsanleitung durch eine Betriebsanweisung ersetzt werden.

Frage 14: Auf einem Packstück wird vor dem Versand ein Indikator angebracht.
Welche Aufgabe hat solch ein Indikator? 1 richtige Antwort

a) Indikatoren sind Handhabungshinweise für den Umgang mit dem Packstück.
b) Indikatoren melden Hinweise auf unsachgemäße Verpackung.
c) Indikatoren sind Messeinrichtungen, welche anzeigen, ob bestimmte Parameter eingehalten wurden, z. B. ob das Packstück unzulässig gekippt wurde.
d) Indikatoren sind Begleitpapiere, die direkt auf dem Packstück angebracht werden, z. B. Lieferschein, Rechnung.

Frage 15: Ordnen Sie die Verpackungsbegriffe richtig zu.

1. Stretchfolie 2. Palette mit Müsli-Kartons 3. Holzkiste 4. Stahlbandumreifung 5. Collico mit Inhalt zum Versand bereit 6. Big Bag	a) Packmittel b) Packhilfsmittel c) Packstück

Lösungen zu Fragenblock A

Frage 1: b

Frage 2: c

Frage 3: d

Frage 4: b, c

Frage 5: a, b

Frage 6: a

Frage 7: c, d

Frage 8: 1a, 2b, 3a, 4a, 5b, 6c

Frage 9: b

Frage 10: a

Frage 11: 1a, 2b, 3b, 4a

Frage 12: c

Frage 13: a, b

Frage 14: c

Frage 15: 1b, 2c, 3a, 4b, 5c, 6a

B. Einsatz von Arbeitsmitteln II

Situation zu den Aufgaben 1 - 2
Eine Lieferung ist angekommen und ist einzulagern. Dafür steht Ihnen ein Fachbodenregal zur Verfügung. Die Feldlast beträgt 800 kg.

Frage 1: Wie hoch ist die Fachlast, wenn 4 Regalfächer zur Verfügung stehen?
1 richtige Antwort

a) 100 kg b) 150 kg c) 200 kg d) 250 kg

Frage 2: Es sind 75 Alufelgen mit einem Gewicht von je 8,40 kg einzusortieren. Errechnen Sie den Nutzungsgrad des Fachbodenregals, wenn das Regal ausschließlich mit der neuen Lieferung befüllt ist.

Frage 3: Welche Fördermittel werden als Hebezeug bezeichnet? 2 richtige Antworten

a) Hebebühne
b) Gabelstapler
c) Kettenförderer
d) Portalkran

Frage 4: Wozu wird eine Heißsiegelzange verwendet? 1 richtige Antwort

a) Zum Anfassen gefährlicher Güter
b) Zum luft- und feuchtigkeitsundurchlässigen Verschließen von Verpackungen
c) Zum Schrumpfen von Folien
d) Zum Umreifen

Frage 5: Durch welche Maßnahmen lassen sich Umweltbelastungen reduzieren?
2 richtige Antworten

a) Durchlaufzeit erhöhen.
b) Flurfreie Fördermittel einsetzen.
c) Leerfahrten vermeiden.
d) Energiesparende Fördermittel einsetzen.

Situation zu den Fragen 6 - 7
Es ist in Ihrem Lager im Gespräch, fahrerlose Transportsysteme (FTS) zu installieren.

Frage 6: Welche Aussagen dazu sind richtig? 2 richtige Antworten

a) Die Investitionskosten sind relativ hoch.
b) Die Investitionskosten sind relativ niedrig.
c) Personalkosten, z. B. durch Staplerfahrten, können reduziert werden.
d) FTS sind besonders für flexible Transporte auf kurzer Strecke geeignet.

Frage 7: Was ist unter „induktiver Steuerung" zu verstehen? 1 richtige Antwort

a) Steuerung über Lasernavigation
b) Steuerung über einen Leitdraht im Boden
c) Steuerung über ein GPS-System
d) Steuerung über eingelassene Magnete oder Transponder im Boden

Frage 8: Was kann durch „Sauberkeit im Lager" erreicht werden? 2 richtige Antworten

a) Guter Eindruck für Lieferanten und Kunden
b) Senkung der Heizkosten
c) Erhöhung der Lagerumschlaghäufigkeit
d) Senkung der Unfallgefahr

Frage 9: Welche Regalarten eignen sich sehr gut zur dynamischen Bereitstellung?
1 richtige Antwort

a) Verschieberegal, Karussellregal
b) Paternosterregal, Fachbodenregal
c) Hochregal, Kragarmregal
d) Turmregal, Paternosterregal

Frage 10: Ordnen Sie die Beschreibung dem entsprechenden Arbeitsmittel zu.

1. Erstellung von Barcodes, die auf Packmittel geklebt werden.	a) Umreifungsgerät
2. Lesegerät für barcodierte Datenträger wie Etiketten	b) Werkzeuge
3. Zur Sicherung der Ladung von Paletten	c) Etikettiergerät
4. Mittels heißer Luft wird Folie geschrumpft.	d) Klebestreifengeber
5. Hammer, Zange, Schraubendreher	e) Scanner
6. Verarbeitung von Selbstklebebändern und Nasskleberollen	f) Handschrumpfgerät

Frage 11: Welche Aussagen zur Europalette sind richtig? 3 richtige Antworten

a) Das Gewicht beträgt ca. 25 kg.
b) Die Maße betragen 120 cm x 80 cm x 14,4 cm.
c) Die Nennlast beträgt 1000 kg, wenn die Last beliebig auf der Oberfläche der Palette verteilt ist.
d) Europaletten sind 5-fach stapelbar mit max. 5000 kg Last auf der untersten Palette.

Frage 12: Welche Zuordnung ist falsch? 1 richtige Antwort

a) Packgut - Produkt, das verpackt wird.
b) Packstück - Material, aus dem die Verpackung besteht.
c) Packmittel - Komponente, die den Hauptanteil der Verpackung darstellt, z. B. Karton.
d) Packhilfsmittel - Material, um das Packgut zu gestalten und zu verschließen.

Frage 13: Was hat folgendes Zeichen zu bedeuten? 1 richtige Antwort

a) Getestet durch die "Stiftung Warentest".
b) Produkte mit dem Zeichen haben sich im Alltag bewährt.
c) Es zeigt, dass das Produkt allen geltenden europäischen Vorschriften entspricht.
d) Das Produkt wurde innerhalb der EU produziert.

Frage 14: Ordnen Sie folgende Zeichen entsprechend zu.

1. Verbotszeichen	a) Dreieckig, schwarzes Symbol, gelber Grund mit schwarzer Umrandung
2. Brandschutzzeichen	b) Rechteckig oder quadratisch, weißes Symbol auf grünem Grund
3. Warnzeichen	c) Quadratisch, weißes Symbol auf rotem Grund
4. Gebotszeichen	d) Rund, roter Rand, schwarzes Symbol auf weißem Grund
5. Rettungszeichen	e) Rund, weißes Symbol auf blauem Grund

Frage 15: In Ihrem Betrieb wird ein Kettenförderer zum Transport von Paletten eingesetzt. Sie hören plötzlich ein lautes Geräusch, wahrscheinlich von einer der Ketten. Wie verhalten Sie sich? 1 richtige Antwort

a) Sie lassen den Kettenförderer weiterlaufen, solange es geht.
b) Sie schalten den Kettenförderer ab und versuchen ihn selbst mit „Bordmitteln“ zu reparieren.
c) Sie lassen den Kettenförderer weiterlaufen, bis ein Vorgesetzter vorbeikommt.
d) Sie schalten den Kettenförderer ab und informieren den zuständigen Mitarbeiter aus der Technik.

Lösungen zu Fragenblock B

Frage 1: c

Frage 2: 75 x 8,4 kg = 630 kg

800 kg = 100 %
630 kg = X

$$X = \frac{100\ \% \times 630\ kg}{800\ kg}$$

X = **78,75 %**

Frage 3: a, d

Frage 4: b

Frage 5: c, d

Frage 6: a, c

Frage 7: b

Frage 8: a, d

Frage 9: d

Frage 10: 1c, 2e, 3a, 4f, 5b, 6d

Frage 11: a, b, c

Frage 12: b

Frage 13: c

Frage 14: 1d, 2c, 3a, 4e, 5b

Frage 15: d

C. Gabelstapler

Frage 1: Welche Voraussetzungen gehören zum Führen eines Gabelstaplers?
2 richtige Antworten

a) Angemessene Ausbildung
b) Mindestalter von 21 Jahren
c) Körperliche und geistige Gesundheit
d) Fahrausweis für Fahrten innerhalb des Betriebes

Frage 2: Welche Schutzmaßnahme beim Führen eines Gabelstaplers ist falsch?
1 richtige Antwort

a) Betriebsinterne Verkehrsregeln beachten (Schienenverkehr, rechts vor links).
b) Sicherheitsgurt anlegen.
c) Gefahrenstellen wie Tore und Türen möglichst schnell befahren und verlassen.
d) Alle Bestimmungen der Betriebsanleitung müssen beachtet werden.

Frage 3: Welcher Stapler eignet sich für häufige Rückwärtsfahrten? 1 richtige Antwort

a) Kommissionierstapler
b) Teleskopstapler
c) Geländestapler
d) Seitsitzstapler

Frage 4: Verkehrswege für Gabelstapler müssen bestimmte Voraussetzungen erfüllen. Welche Voraussetzungen treffen zu? 2 richtige Antworten

a) Zu beiden Seiten des Gabelstaplers muss ein Mindestabstand von 1 m vorhanden sein.
b) Zu beiden Seiten des Gabelstaplers muss ein Mindestabstand von 50 cm vorhanden sein.
c) Ein Mindestabstand von 1 m zu Türen und Durchgängen muss eingehalten werden.
d) Ein Mindestabstand von 80 cm zu Türen und Durchgängen muss eingehalten werden.

Frage 5: Welcher Gabelstapler ist konzipiert für kurze Wege ohne Einlagerung in Regale?
1 richtige Antwort

a) Gabelhubwagen
b) Kommissionierstapler
c) Geländestapler
d) Frontsitzstapler

Frage 6: Wie oft muss ein Gabelstapler von einer sachkundigen Person überprüft werden?
1 richtige Antwort

a) 2 x im Jahr
b) 1 x im Jahr
c) Alle 2 Jahre
d) Alle 3 Jahre

Frage 7: Sie fahren mit einem beladenen Gabelstapler. Welche Stellung sollte die Gabel haben? 1 richtige Antwort

a) Die Gabel sollte immer möglichst hoch stehen.
b) Die Gabel sollte in mittlerer Stellung stehen.
c) Die Gabel sollte möglichst tief stehen, ca. 15 cm über dem Boden.
d) Die Gabel sollte bei schwerer Ladung möglichst hoch stehen.

Frage 8: Sie fahren mit einem Gabelstapler eine Steigung hoch. Die Sicht ist behindert. Wie ist die Steigung zu befahren? 1 richtige Antwort

a) Rückwärts
b) Vorwärts in mittlerem Tempo
c) Vorwärts mit regelmäßigen Hupen
d) Vorwärts mithilfe eines Einweisers

Frage 9: Was hat der Gabelstaplerfahrer vor der Fahrt zu überprüfen? 2 richtige Antworten

a) Luftdruck der Reifen prüfen.
b) Jährliche gründliche Überprüfung durchführen, wenn nötig.
c) Funktionsfähigkeit der Bremsen überprüfen.
d) Gabelstapler-Führerschein auf Gültigkeit überprüfen.

Frage 10: Welche Aussagen zum Lastschwerpunktdiagramm sind richtig? 2 richtige Antworten

a) Das Lastschwerpunktdiagramm gibt an, mit welcher Geschwindigkeit Lasten gefahren werden dürfen.
b) Das Lastschwerpunktdiagramm gibt an, wie hoch Ladungen gehoben werden dürfen.
c) Das Lastschwerpunktdiagramm gibt an, mit welchen Mitteln der Gabelstapler gegen Umkippen gesichert werden muss.
d) Im Lastschwerpunktdiagramm wird die Hubhöhe mit dem Schwerpunkt der Ladung kombiniert.

Frage 11: Was ist der Lastschwerpunktabstand? 1 richtige Antwort

a) Es ist der Abstand von der Steuerung des Gabelstaplers bis zum Lastschwerpunkt.
b) Es ist der Abstand vom Schwerpunkt der Last zum Boden.
c) Es ist der Abstand vom Gabelrücken des Staplers zum Schwerpunkt der Last.
d) Es ist der Abstand vom Fahrer bis zum Schwerpunkt der Last.

Frage 12: Worauf hat der Gabelstaplerfahrer nach Beendigung der Fahrt zu achten? 2 richtige Antworten

a) Den Schlüssel für Nachfolger stecken lassen.
b) Nicht vor Türen und Fluchtwegen parken.
c) Die Gabelzinken auf mittlere Höhe stellen.
d) Die Feststellbremse anziehen.

Lösungen zu Fragenblock C

Frage 1: a, c

Frage 2: c

Frage 3: d

Frage 4: b, c

Frage 5: a

Frage 6: b

Frage 7: c

Frage 8: d

Frage 9: a, c

Frage 10: b, d

Frage 11: c

Frage 12: b, d

D. Erfassung und Dokumentation des Güterumschlags

Frage 1: Bei der Lagerung bestimmter Produkte ist auf eine entsprechende Luftfeuchtigkeit zu achten. Womit wird die Luftfeuchtigkeit gemessen? 1 richtige Antwort

a) Hygrometer
b) Thermometer
c) Refraktometer
d) Manometer

Frage 2: In Ihren Lagern werden sowohl frische Lebensmittel als auch tiefgefrorene Lebensmittel zwischengelagert. Nennen Sie die für die Lagerung zutreffenden Temperaturen in Kühl- und Tiefkühlräumen. 2 richtige Antworten

a) In Kühlräumen darf die maximale Temperatur 3 Grad Celsius betragen.
b) In Kühlräumen darf die maximale Temperatur 7 Grad Celsius betragen.
c) In Tiefkühlräumen muss es kälter als -18 Grad Celsius sein.
d) In Tiefkühlräumen muss es kälter als -24 Grad Celsius sein.

Frage 3: Auf welche Lagerbedingungen sind beim Lagern von Getreide besonders zu achten? 2 richtige Antworten

a) Belüftung
b) Geringe Temperatur
c) Hohe Luftfeuchtigkeit
d) Trockenheit

Frage 4: Ordnen Sie die Merkmale der entsprechenden Güterart zu.

Merkmale:	Unterscheidung der Güterart nach:
1. Geringwertig oder hochwertig	a) Volumen
2. Spitz oder ätzend oder giftig	b) Konsistenz
3. Klein oder sperrig	c) Verwendungsart
4. Leicht oder schwer	d) Wert
5. Fest oder gasförmig oder flüssig	e) Gefährlichkeit
6. Rohstoff, Hilfsstoff oder Betriebsstoff	f) Gewicht

Frage 5: Wie werden Stoffe bezeichnet, die nicht direkt in das zu fertigende Produkt eingehen, aber den Produktionsprozess in Gang halten, z. B. Schmieröl, Diesel, Erdgas? 1 richtige Antwort

a) Rohstoffe
b) Hilfsstoffe
c) Betriebsstoffe
d) Verbundstoffe

Frage 6: Welche Aussagen zum Mindesthaltbarkeitsdatum und zum Verfallsdatum sind richtig? 2 richtige Antworten

a) Nach Ablauf des Mindesthaltbarkeitsdatums darf das Produkt nicht mehr verkauft werden.
b) Nach Ablauf des Mindesthaltbarkeitsdatums übernimmt der Hersteller keine Qualitätsgewähr.
c) Ist das Verfallsdatum überschritten, darf das Produkt nur mit einer speziellen Warnung verkauft werden.
d) Ist das Verfallsdatum überschritten, darf das Produkt nicht mehr verkauft werden.

Frage 7: Welches sind Vorteile der flexiblen Einlagerung? 2 richtige Antworten

a) Gute Ausnutzung des Lagerraums.
b) Die Umschlagshäufigkeit kann gut bei Platzvergabe berücksichtigt werden.
c) Lagerliste ist immer aktuell.
d) Keine EDV Abhängigkeit.

Frage 8: Welche Regelungen stehen in der Arbeitsstättenverordnung? 2 richtige Antworten

a) Regelungen zur gesetzlichen Unfallversicherung
b) Angaben zu Mindesthöhen in Räumen
c) Maßnahmen zum Schutz von Gefahrstoffen
d) Anforderungen an Pausenräume

Frage 9: Welche Angaben zu Verkehrswegen nach der Arbeitsstättenverordnung sind richtig? 2 richtige Antworten

a) Bei Lagerräumen mit mehr als 1000 m² Grundfläche ist eine Kennzeichnung der Verkehrswege vorgeschrieben.
b) Mindestbreite für Handbetrieb: 1,50 m
c) Mindestabstand für kraftbetriebene Fahrzeuge, z. B. Gabelstapler: 50 cm auf beiden Seiten
d) Mindestabstand zu Türen: 3 m

Frage 10: Was ist bei der Lagerung von brennbaren Flüssigkeiten zu beachten? 2 richtige Antworten

a) Es sollte ein Überdruck hergestellt werden.
b) Für diese Stoffe muss eine Betriebsanweisung erstellt werden.
c) Bei Abfüllarbeiten muss das entstehende Luftgemisch entsprechend abgeleitet werden.
d) Bei Abfüllarbeiten sollte mit Druck gearbeitet werden.

Frage 11: Welche Inhalte sollten Bestandteil einer Betriebsanweisung sein? 3 richtige Antworten

a) Anwendungsbereich
b) Gefahren für Mensch und Umwelt
c) Verhalten bei Störung, Unfällen und Erste Hilfe
d) Disziplinarmaßnahmen bei Nichtbeachtung

Frage 12: Ordnen Sie die Inhalte dem entsprechenden Gesetz / der Verordnung zu.

1. Gesetz zum Schutz vor schädlichen Umwelteinwirkungen durch Luftverunreinigungen, Geräusche, Erschütterungen und ähnliche Vorgänge.	a) Wasserhaushaltsgesetz
2. Verordnung zum Schutz vor gefährlichen Stoffen im deutschen Arbeitsschutz.	b) Gefahrgutverordnung
	c) Bundes-Immissionsschutzgesetz
3. Bestimmungen über den Schutz und die Nutzung von Oberflächengewässern und des Grundwassers.	d) Arbeitsstättenverordnung
4. Regelungen zum nationalen und internationalen Transport von gefährlichen Gütern auf Straße, Schiene, Binnengewässern, in der Luft und zur See.	e) Gefahrstoffverordnung
	f) Betriebsverfassungsgesetz
5. Den Sicherheitsbeauftragten kommt aufgrund ihrer Orts-, Fach- und Sachkenntnis die Aufgabe zu, Unfall- und Gesundheitsgefahren (Arbeitsschutz) zu erkennen und adäquat darauf zu reagieren.	g) Regeln der Berufsgenossenschaft

Frage 13: Welche Gesetze und Verordnungen regeln die Verwertung von Abfällen?
3 richtige Antworten

a) Kreislaufwirtschaftsgesetz
b) Batterieverordnung
c) Betriebsverfassungsgesetz
d) Altölverordnung

Frage 14: Welche Aussagen zur Rücknahme von Verpackungen stimmen? 2 richtige Antworten

a) Verkaufsverpackungen sind immer über das Duale System Deutschland (DSD) zu entsorgen.
b) Hersteller und Vertreiber müssen Transportverpackungen zurücknehmen.
c) Umverpackungen sind vor der Abgabe an den Endverbraucher zu entfernen oder dem Endverbraucher muss auf dem Verkaufsgelände die Möglichkeit zur Entsorgung bereitgestellt werden.
d) Umverpackungen brauchen nicht der Wiederverwertung zugeführt werden.

Frage 15: Welche Aussagen zu Zollpapieren sind richtig? 3 richtige Antworten

a) Das Zolleinheitspapier dient der vereinfachten Abwicklung.
b) Das Ursprungspapier bestätigt die Herkunft der Ware.
c) Das Ursprungspapier wird vom Bundesministerium für Wirtschaft ausgestellt.
d) Als Berechnungsgrundlage der Zollabgaben wird die Handelsfaktura benötigt.

Lösungen zu Fragenblock D

Frage 1: a

Frage 2: b, c

Frage 3: a, d

Frage 4: 1d, 2e, 3a, 4f, 5b, 6c

Frage 5: c

Frage 6: b, d

Frage 7: a, b

Frage 8: b, d

Frage 9: a, c

Frage 10: b, c

Frage 11: a, b, c

Frage 12: 1c, 2e, 3a, 4b, 5g

Frage 13: a, b, d

Frage 14: b, c

Frage 15: a, b, d

E. Gefahrgüter

Frage 1: Welche Aussagen sind der Gefahrentafel zu entnehmen? 2 richtige Antworten

a) Die obere Nummer ist die Betriebsnummer des LKW zur besseren Erkennung.

b) Die obere Nummer gibt Aufschluss über die Art der Gefahr. 33 steht für leichtentzündliche Flüssigkeit.

c) Die untere Nummer benennt die einzuleitenden Schutzmaßnahmen bei einem Unfall.

d) Die untere Nummer benennt den Stoff genau (UN-Nummer).

Frage 2: Wie wird die Erlaubnis zum Befördern von Gefahrgut auf der Straße genannt? 1 richtige Antwort

a) Staplerschein
b) Führerschein Klasse I
c) ADR-Bescheinigung
d) RID

Frage 3: In welcher Gefahrgutklasse befinden sich Stoffe, die in Verbindung mit Wasser entzündbare Gase entwickeln wie z. B. Calcium, Zinkpulver? 1 richtige Antwort

a) Klasse 1
b) Klasse 2
c) Klasse 3
d) Klasse 4

Frage 4: Ordnen Sie die Gefahrgutklassen entsprechend zu.

Stoffe	Gefahrgutklasse
1) Entzündbare Gase (z. B. Wasserstoff, Propangas)	a) Klasse 5.2
2) Ätzende Stoffe (z. B. Batteriesäure, Laugen)	b) Klasse 7
3) Organische Peroxide	c) Klasse 4.2
4) Verschiedene gefährliche Stoffe (z. B. Asbest, Lithiumbatterien)	d) Klasse 8
5) Selbstentzündliche Stoffe (z. B. Phosphor)	e) Klasse 2.1
6) Radioaktive Stoffe	f) Klasse 9

Frage 5: Wo erfolgt die Kennzeichnung gefährlicher Güter? 3 richtige Antworten

a) Auf dem Packstück
b) In dem Packstück
c) In den Begleitpapieren, z. B. Frachtbrief
d) Auf dem Transportmittel, z. B. Warnschild auf dem LKW

Frage 6: Welche Anforderungen werden an Lager für brennbare Flüssigkeiten gestellt? 2 richtige Antworten

a) Bodenabläufe
b) Feuerschutztüren
c) Kein Zutritt für Unbefugte
d) 24 Stunden / Tag Bewachung durch geschulten Sicherheitsdienst

Frage 7: Welche Pflichten müssen beim Verpacken von Gefahrgütern erfüllt werden? 2 richtige Antworten

a) Prüfung des CE-Erkennungsnummer des Packmittels.
b) Prüfung der UN-Zulassungsnummer des Packmittels.
c) Füllgrade bei Flüssigkeiten nur zur Hälfte ausnutzen.
d) Packstück sorgfältig verschließen.

Frage 8: Was ist unter dem „Zusammenpackverbot" zu verstehen? 1 richtige Antwort

a) Bestimmte gefährliche Güter dürfen nicht in einem Packstück zusammengepackt werden.
b) Bestimmte gefährliche Güter dürfen nur nach Anweisung des Sicherheitsbeauftragten zusammen verpackt werden.
c) Bestimmte gefährliche Güter dürfen in einem Container nicht zusammen gelagert werden.
d) Bestimmte gefährliche Güter dürfen nicht auf einer Ladefläche zusammen transportiert werden.

Frage 9: Ordnen Sie die Rechtsgrundlagen entsprechend zu.

1. Straßenverkehrsordnung 2. Ordnung für die internationale Beförderung per Eisenbahn für gefährliche Güter 3. Gefahrgutverordnung Straße, Eisenbahn und Binnenschifffahrt 4. Europäisches Übereinkommen über die internationale Beförderung gefährlicher Güter auf Straßen 5. Internationaler Code für die Beförderung gefährlicher Güter auf Seeschiffen. 6. Vorschriften für die Beförderung gefährlicher Güter vom internationalen Verband der Luftfahrtgesellschaften	a) ADR b) IATA c) STVO d) RID e) GGVSEB f) IMDG

Frage 10: Welche Aussagen zum Transport von geringen Mengen an Gefahrgütern sind richtig? 2 richtige Antworten

a) Die Gefahrgüter brauchen nicht mit einer UN-Nummer versehen werden.
b) Für gefährliche Güter derselben Kategorie gilt nach ADR eine Grenze von 500 kg je Beförderungseinheit.
c) Das Fahrzeug braucht nicht mit einer Warntafel gekennzeichnet zu werden.
d) Der Fahrer braucht keine ADR-Bescheinigung. Eine entsprechende Unterweisung reicht.

Frage 11: Welche Ausrüstungsgegenstände gehören zur zusätzlichen persönlichen Schutzausrüstung eines LKW-Fahrers bei einem Gefahrguttransport? 2 richtige Antworten

a) Atemschutzmaske
b) Unterlegkeil für Fahrzeug
c) Feuerlöscher
d) Schutzbrille

Frage 12: Wie lautet die Nummer der Verpackungsgruppe für Stoffe mit mittlerer Gefahr? 1 richtige Antwort

a) Verpackungsgruppe I
b) Verpackungsgruppe II
c) Verpackungsgruppe III
d) Verpackungsgruppe IV

Frage 13: Welche Aussagen zum Gefahrgutbeauftragten sind richtig? 2 richtige Antworten

a) Ein Gefahrgutbeauftragter braucht von Unternehmen, die unter 250 t (netto) Gefahrgut abwickeln, nicht benannt zu werden.
b) Der Gefahrgutbeauftragte muss geeignete Sofortmaßnahmen bei einem Unfall durchführen.
c) Der Gefahrgutbeauftragte hat die Einhaltung der Vorschriften zu überwachen.
d) Unternehmen, die an der Beförderung gefährlicher Güter teilnehmen, müssen mindestens 2 Gefahrgutbeauftragte mündlich bestellen.

Frage 14: Ordnen Sie folgende Ausrüstungsgestände entsprechend zu.

1. Warntafel 2. Bindemittel 3. Atemschutzmaske 4. Unterlegkeil 5. Spülflasche für die Augen 6. Schaufel	a) Persönliche Schutzausrüstung b) Fahrzeugausrüstung c) Ausrüstung zum Schutz der Umwelt

Lösungen zu Fragenblock E

Frage 1: b, d

Frage 2: c

Frage 3: d

Frage 4: 1e, 2d, 3a, 4f, 5c, 6b

Frage 5: a, c, d

Frage 6: b, c

Frage 7: b, d

Frage 8: a

Frage 9: 1c, 2d, 3e, 4a, 5f, 6b

Frage 10: c, d

Frage 11: a, d

Frage 12: b

Frage 13: b, c

Frage 14: 1b, 2c, 3a, 4b, 5a, 6c

F. Organisation

Frage 1: Was ist unter "Aufbauorganisation" zu verstehen? 1 richtige Antwort

a) Sie zeigt die Zuständigkeiten und Entscheidungsbefugnisse innerhalb eines Unternehmens auf.
b) Sie zeigt den Aufbau des Unternehmens von der Gründung bis zum aktuellen Zeitpunkt.
c) Sie zeigt einzelne Produktionsschritte bis zum fertigen Produkt auf.
d) Sie zeigt die Gehaltsstruktur des Unternehmens auf.

Frage 2: Welche Aufgaben haben "Stabsstellen" im Betrieb? 1 richtige Antwort

a) Sie übernehmen bei schwieriger Geschäftslage die Unternehmensführung.
b) Sie sind nach dem Betriebsverfassungsgesetz bei Kündigungen zu hören.
c) Sie fällen wichtige Entscheidungen allein.
d) Sie beraten und helfen, Entscheidungen richtig zu fällen.

Frage 3: Was ist ein Organisationsplan (Organigramm)? 1 richtige Antwort

a) Der Organisationsplan beschreibt die Aufgaben eines bestimmten Mitarbeiters.
b) Der Organisationsplan zeigt die Struktur des Unternehmens im Ganzen.
c) Der Organisationsplan legt die Buchung von Zahlungseingängen fest.
d) Der Organisationsplan zeigt die Fluchtwege bei Gefahren auf.

Frage 4: Was ist unter Inventur zu verstehen? 1 richtige Antwort

a) Die genaue Erfassung aller vorhandenen Bestände zum Anfang eines Geschäftsjahres.
b) Die Erfassung der wichtigsten Bestände zum Anfang und Ende eines Geschäftsjahres.
c) Die genaue Erfassung aller vorhandenen Bestände zum Ende eines Geschäftsjahres.
d) Die monatliche Erfassung aller vorhandenen Bestände.

Frage 5: Ordnen Sie die Begriffe richtig zu.

1. Laut Buchhaltung vorhandener Bestand.	a) Istbestand
2. Bei der Inventur ermittelter Bestand.	b) Lieferbereitschaft
3. Bestand, der maximal vorhanden sein soll.	c) Mindestbestand
4. Kennzahl für die Fähigkeit, direkt ab Lager zu liefern.	d) Meldebestand
5. Bestand, der mindestens im Lager vorhanden sein soll.	e) Höchstbestand
6. Bestand, bei dem die Einkaufsabteilung benachrichtigt wird.	f) Buchbestand

Frage 6: In welchem Zeitrahmen kann eine „verlegte Inventur" erfolgen? 1 richtige Antwort

a) Die Inventur kann innerhalb der letzten drei Monate vor oder innerhalb von 2 Monaten nach Ende des Geschäftsjahres vorgenommen werden.
b) Die Inventur kann innerhalb der letzten vier Monate vor oder innerhalb von 3 Monaten nach Ende des Geschäftsjahres vorgenommen werden.
c) Die Inventur kann innerhalb der letzten zwei Monate vor oder innerhalb von 3 Monaten nach Ende des Geschäftsjahres vorgenommen werden.
d) Die Inventur kann innerhalb der letzten 4 Wochen vor oder innerhalb von 2 Wochen nach Ende des Geschäftsjahres vorgenommen werden.

Frage 7: Welche Aussagen zur „permanenten Inventur" sind richtig? 2 richtige Antworten

a) Es erfolgt eine monatliche Inventur.
b) Es erfolgt eine Inventur pro Quartal.
c) Die Feststellung der Bestände erfolgt mithilfe der aktuellen Lagerbuchführung.
d) Die Bestände werden während des Jahres überprüft und mit den Sollbeständen verglichen.

Frage 8: Wie können Inventurdifferenzen vermieden werden? 2 richtige Antworten

a) Vermeidung von Diebstahl
b) Sorgfältige Erfassung der Wareneingänge
c) Verzicht auf mobile Datenerfassungsgeräte
d) Heraufsetzung des Mindestbestandes

Frage 9: Durch welche Maßnahmen können Logistikleistungen optimiert werden? 2 richtige Antworten

a) Mehr Leerfahrten
b) Verkürzung der Wartezeiten von Fördermitteln
c) Einsatz umweltschonender Technologien
d) Verlängerung der Fertigungszeit in der Produktion

Frage 10: Ordnen Sie die Logistikbereiche entsprechend zu

1. Optimale und zeitgerechte Zulieferung und Beschaffung von benötigten Gütern	a) Ersatzteillogistik
2. Verteilung oder Zustellung bzw. Vertrieb von Gütern	b) Entsorgungslogistik
3. Beschaffung und Bereitstellung von Ersatzteilen	c) Produktionslogistik
4. Rücknahme von Abfällen und Rückständen zur Beseitigung oder Verwertung	d) Distributionslogistik
5. Planung, Steuerung und Überwachung der innerbetrieblichen Transport-, Umschlags- und Lagerprozesse	e) Informationslogistik
6. Gestaltung eines direkten Informationsflusses	f) Beschaffungslogistik

Frage 11: Wie bezeichnet man das Erfassen der Transportvorgänge und -abläufe, sowie Lagerungen und ungewollter Aufenthalte aller Materialien in einem Unternehmen? 1 richtige Antwort

a) Distribution
b) Materialbehandlung
c) Informationsfluss
d) Materialflussanalyse

Frage 12: Welche Aussagen zur ABC-Analyse sind richtig? 2 richtige Antworten

a) A-Güter sind teuer und sollten daher besonders beobachtet und gepflegt werden.
b) B-Güter haben den wertmäßig höchsten Anteil am Gesamtvolumen.
c) Der Aufwand bei der Bestellung von C-Gütern sollte besonders hoch sein.
d) Der Kontrollaufwand von C-Gütern sollte in Grenzen gehalten werden.

Frage 13: Welche Ideen stehen hinter „Total Quality Management" (TQM)? 2 richtige Antworten

a) Jeder Arbeitsvorgang ist durch einen Vorgesetzten zu überwachen.
b) Eine Maßnahme ist eine umfassende und kundenorientierte Sicht der Qualitätssicherung.
c) Das Ziel ist eine Steigerung der Produktivität.
d) Die Qualitätssicherung fängt schon bei der Beschaffung an.

Frage 14: Welche Vorteile hat ein „Kontinuierlicher Verbesserungsprozess" (KVP) für das Unternehmen und die Mitarbeiter? 2 richtige Antworten

a) Die Motivation der Mitarbeiter wird erhöht.
b) Arbeitsabläufe werden verlangsamt.
c) Arbeitsprozesse werden optimiert.
d) Der Leistungsdruck wird erhöht.

Frage 15: Welche Ziele sollen mit einem „Beschwerdemanagement" im Betrieb erreicht werden? 2 richtige Antworten

a) Der Kunde soll möglichst kostengünstig vertröstet werden.
b) Das Anliegen des Kunden soll möglichst schnell gelöst werden.
c) Folgekosten der Beschwerde sollen maximiert werden.
d) Die Kundenzufriedenheit soll möglichst wiederhergestellt werden.

Lösungen zu Fragenblock F

Frage 1: a

Frage 2: d

Frage 3: b

Frage 4: c

Frage 5: 1f, 2a, 3e, 4b, 5c, 6d

Frage 6: a

Frage 7: c, d

Frage 8: a, b

Frage 9: b, c

Frage 10: 1f, 2d, 3a, 4b, 5c, 6e

Frage 11: d

Frage 12: a, d

Frage 13: b, d

Frage 14: a, c

Frage 15: b, d

G. EDV

Frage 1: Welches Beispiel enthält alphanumerische Zeichen? 1 richtige Antwort

a) 25, 26, 27
b) A, B, C
c) Anton, Berta, Cäsar
d) 26 b, Anton 28

Frage 2: Welche Aussage zu Stammdaten ist richtig? 1 richtige Antwort

a) Stammdaten sind nur für eine relativ kurze Zeit gültig.
b) Stammdaten sind für eine relativ lange Zeit gültig.
c) Stammdaten dürfen nicht verändert werden.
d) Stammdaten dürfen nur mit Zustimmung der Geschäftsleitung geändert werden.

Frage 3: Welche Aussagen zu einem Datensatz sind korrekt? 2 richtige Antworten

a) Mehrere gleichartige Datensätze werden in einer Datei zusammengefasst.
b) Mehrere Datensätze bilden ein Datenfeld.
c) Mehrere inhaltlich zusammengehörende Datenfelder werden in einem Datensatz zusammengefasst.
d) Eine Datei besteht immer nur aus einem Datensatz.

Frage 4: Ordnen Sie folgende Beschreibungen entsprechend zu.

1. Weltweites Informations- und Kommunikationsnetz. Es ist jedem frei zugänglich, der über einen entsprechenden Anschluss verfügt.	
2. Geschlossenes Netzwerk im Internet (z. B. Firmennetzwerk). Der Zugang ist nur für bestimmte Personen mit Zugangsberechtigung möglich.	a) Backup b) Suchmaschine
3. Programm zur Recherche im Internet. Es liefert zu einer Suchanfrage passende Webseiten.	c) Internet
4. Zugangsanbieter (z. B. T-Online), über den der Zugang zum Internet erfolgt.	d) Firewall e) Provider
5. Sicherheitskopie der Originaldaten auf einem anderen Datenträger. Im Falle eines Datenverlustes können dadurch die Originaldaten wiederhergestellt werden.	f) Intranet
6. Hard- und/oder Software, die verhindert, dass Unberechtigte Zugriff (z. B. auf das Firmennetz) bekommen.	

Frage 5: Welche Aussagen zum Datenschutz sind richtig? 2 richtige Antworten

a) Personenbezogene Daten sind zu löschen, wenn die Speicherung unzulässig ist oder wenn die Daten nicht mehr erforderlich sind.
b) Daten von Mitarbeitern können ohne deren Zustimmung gespeichert werden.
c) Der Bundesbeauftragte für den Datenschutz kontrolliert und berät Bundesbehörden und andere öffentliche Stellen des Bundes.
d) Kundendaten müssen alle 3 Jahre auf ihre Richtigkeit kontrolliert werden.

Frage 6: Welche Maßnahmen erhöhen die Datensicherheit? 2 richtige Antworten

a) Verwendung von einfachen Passwörtern
b) Verschlüsselung von Daten
c) Deaktivierung einer Firewall
d) Erstellung eines Virenschutzkonzepts

Frage 7: Ordnen Sie nachfolgende Programme entsprechend zu.

1. MS Windows	a) Betriebssystem
2. Power Point	b) E-Mail Programm
3. Excel	c) PDF Leseprogramm
4. Outlook	d) Browser
5. Adobe Reader	e) Präsentationsprogramm
6. Internet Explorer	f) Tabellenkalkulationsprogramm

Frage 8: Welche Aufgaben hat die Verwaltungssoftware innerhalb eines Datenbanksystems? 2 richtige Antworten

a) Sie speichert als Datenbank große Mengen an Informationen.
b) Sie schützt den Computer vor Viren.
c) Sie kontrolliert alle lesenden und schreibenden Zugriffe auf die Datenbank.
d) Sie organisiert intern die strukturierte Speicherung der Daten.

Frage 9: Welche der genannten Beispiele sind optische Datenträger? 2 richtige Antworten

a) CD-ROM
b) Diskette
c) DVD
d) Magnetkarte

Frage 10: Welche der genannten Speicherangaben sind richtig? 2 richtige Antworten

a) 1 GB entsprechen 100.000 MB
b) 8 GB entsprechen 8000 MB
c) 8 TB entsprechen 1.000.000 MB
d) 1 TB entsprechen 1000 GB

Frage 11: Die Firma Müller Lagerlogistik hat die Hauptverwaltung in Hamburg und 5 Filialen in Deutschland verteilt. Um Daten zu erfassen, werden diese immer an die Hauptverwaltung geschickt. Während der Erfassung besteht kein Internetzugang. Wie wird diese Form der Erfassung genannt? 2 richtige Antworten

a) Zentrale Datenerfassung
b) Dezentrale Datenerfassung
c) Offline Erfassung
d) Online Erfassung

Frage 12: Ordnen Sie folgende Steuerungsprogramme entsprechend zu.

1. Programme zur Steuerung fahrerlose Transportsysteme	a) BDE
2. Programm zur Erfassung organisatorischer Daten, z. B. Arbeitszeiten und auftragsbezogener Daten	b) FTS
3. Programm zur Produktionsplanung und -steuerung	c) PPS

Frage 13: Welche Aussagen zum RAM-Speicher im Computer sind richtig?
2 richtige Antworten

a) Er ist der Arbeitsspeicher im Computer.
b) Der RAM-Speicher ist im Verhältnis zur Festplatte langsamer.
c) Der RAM-Speicher ist ein externer Speicher.
d) Bei einem Stromausfall werden die Daten im RAM-Speicher gelöscht.

Frage 14: Sie werden aufgefordert, ein neues Passwort einzurichten. Welches wäre geeignet?
1 richtige Antwort

a) Ihr Nachname, da leicht zu merken.
b) Ihr Vorname, da ein persönlicher Bezug besteht.
c) Ihr Geburtsdatum
d) Eine Kombination aus Zahlen, Buchstaben und Sonderzeichen

Frage 15: Mit welchem Gerät können Bilder direkt eingelesen werden? 1 richtige Antwort

a) Beamer
b) Scanner
c) USB-Stick
d) Plotter

Lösungen zu Fragenblock G

Frage 1: d

Frage 2: b

Frage 3: a, c

Frage 4: 1c, 2f, 3b, 4e, 5a, 6d

Frage 5: a, c

Frage 6: b, d

Frage 7: 1a, 2e, 3f, 4b, 5c, 6d

Frage 8: c, d

Frage 9: a, c

Frage 10: b, d

Frage 11: a, c

Frage 12: 1b, 2a, 3c

Frage 13: a, d

Frage 14: d

Frage 15: b

H. Kommunikation

Frage 1: Was sind Incoterms? 1 richtige Antwort

a) Internationale Maße
b) Internationale Handelsklauseln
c) Internationale Temperaturangaben
d) Internationale Schiffsrouten

Frage 2: Ordnen Sie folgende Incoterms zu.

1. Ab Werk	a) CIF
2. Geliefert und Zoll bezahlt.	b) FOB
3. Kosten, Versicherung Fracht	c) EXW
4. Frei an Bord	d) DDP

Situation zu den Fragen 3 - 4
Eine Aufgabe wird in Teamarbeit erledigt.

Frage 3: Nach der Arbeit im Team soll es ein Feedback geben. Worauf ist zu achten? 2 richtige Antworten

a) Das Feedback sollte sachlich vorgebracht werden.
b) Nur der Gruppenleiter oder ein erfahrener Mitarbeiter sollte das Feedback abgeben.
c) Das Feedback sollte zeitnah vorgebracht werden.
d) Es sollten nur die Fehler / negativen Punkte vorgebracht werden, da so der Lerneffekt am effektivsten ist.

Frage 4: Welche Punkte sind vom Feedbacknehmer zu beachten? 2 richtige Antworten

a) Geben Sie eindeutig zu verstehen, ob und wann Sie ein Feedback wünschen.
b) Unterbrechen Sie den Feedback-Geber auch bei kleinen Unstimmigkeiten.
c) Brechen Sie das Feedback sofort ab, wenn Kritik geäußert wird.
d) Wenden Sie sich zu dem Feedbackgeber körperlich hin und hören aufmerksam zu.

Frage 5: Wofür wird ein Warenwirtschaftssystem angewandt? 2 richtige Antworten

a) Dienstplangestaltung
b) Ermittlung der Gewerbesteuer
c) Bestandskontrolle
d) Wareneingang

Frage 6: Welche Ziele werden mit einem Warenwirtschaftssystem verfolgt? 3 richtige Antworten

a) Optimierung des Sortiments
b) Überwachung der Bestände
c) Optimierung der Einkommenssteuer
d) Überwachung der Lagerkosten

Frage 7: Welche Bestandteile des Warenwirtschaftssystems gehören zur Hardware?
2 richtige Antworten

a) Tastatur
b) Betriebssystem
c) Warenwirtschaftsprogramm
d) Drucker

Frage 8: Bei der Kontrolle einer Lieferung bemerken Sie, dass statt 25 Kaffeemaschinen des Typ Acapulco 52 Kaffeemaschinen geliefert wurden. Wie verhalten Sie sich? 1 richtige Antwort

a) Die Lieferung behalten, aber nicht bezahlen.
b) Die zu viel gelieferten Kaffeemaschinen sofort zurückschicken.
c) Die Lieferung behalten und auch bezahlen.
d) Den Lieferanten informieren und die Kaffeemaschinen bis zur Abholung fachgerecht lagern.

Frage 9: Was ist in einem Betrieb unter „Unternehmensphilosophie" zu verstehen?
2 richtige Antworten

a) Sie ist eine schriftliche Erklärung über die Grundprinzipien.
b) Sie legt die organisatorische Struktur des Unternehmens fest.
c) Sie legt die Weisungsbefugnisse in Stellenbeschreibungen fest.
d) Sie beschreibt die Vision eines Unternehmens.

Frage 10: Welche Aussagen zu Arbeitsgruppen sind richtig? 2 richtige Antworten

a) Die Gruppenarbeit fördert die Ausbildung von Teamfähigkeit (Schlüsselqualifikation).
b) Der Mitarbeiter mit dem besten Fachwissen sollte Gruppensprecher sein.
c) Durch Ausübung von Druck auf die Gruppe lässt die Leistung in der Regel nach.
d) Durch Ausübung von Druck auf die Gruppe lässt sich die Leistung steigern.

Situation zu den Fragen 11 - 12
Sie sind als Fachkraft für Lagerlogistik mit Ausbildungsaufgaben betraut.

Frage 11: Wann sollten Lernerfolgskontrollen vorgenommen werden? 2 richtige Antworten

a) Jährlich
b) Nach jeder größeren Ausbildungseinheit
c) Nur vor den Prüfungen (Zwischenprüfung, Abschlussprüfung)
d) Nach kleineren Ausbildungseinheiten (Zwischenkontrolle)

Frage 12: Welche Kriterien sind bei der Beurteilung von Auszubildenden anzusetzen?
3 richtige Antworten

a) Lernverhalten
b) Lernfähigkeit
c) Führungsstil
d) Selbständigkeit

Lösungen zu Fragenblock H

Frage 1: b

Frage 2: 1c, 2d, 3a, 4b

Frage 3: a, c

Frage 4: a, d

Frage 5: c, d

Frage 6: a, b, d

Frage 7: a, d

Frage 8: d

Frage 9: a, d

Frage 10: a, c

Frage 11: b, d

Frage 12: a, b, d

III. Wirtschafts- und Sozialkunde (WiSo)

A. Gemischte WiSo-Fragen

Bei diesem Aufgabenblock ist eine Antwort pro Frage richtig.

Frage 1: Welche Personengruppe ist beschränkt geschäftsfähig?

a) Personen bis zur Vollendung des 7. Lebensjahres
b) Personen vor dem 7. Lebensjahr mit ihrem Taschengeld
c) Personen, die zwar das 7. Lebensjahr, aber noch nicht das 18. Lebensjahr vollendet haben.
d) Personen bis zur Vollendung des 21. Lebensjahres

Frage 2: Was bedeutet der Begriff "Inflation"?

a) Die Kaufkraft des Geldes sinkt.
b) Die Kaufkraft des Geldes steigt.
c) Die Kaufkraft des Geldes bleibt gleich.
d) Die Arbeitslosigkeit steigt.

Frage 3: Ein Arbeitnehmer erhält einen Bruttolohn von 1650,00 Euro. Wovon wird der Beitrag für die gesetzliche Krankenversicherung berechnet?

a) Vom Nettolohn
b) Vom Bruttolohn abzüglich der Werbungskosten
c) Vom Bruttolohn abzüglich der Lohn- und Kirchensteuer
d) Vom Bruttolohn

Frage 4: Eine Jugendliche muss heute bis 20.00 Uhr arbeiten. Ab wann darf sie morgen wieder beschäftigt werden?

a) Ab 6 Uhr b) Ab 7 Uhr c) Ab 8 Uhr d) Ab 10 Uhr

Frage 5: Frau Klein ist in der Versandabteilung beschäftigt. Sie ist schwanger und erwartet im Sommer ihr Kind. Was muss der Arbeitgeber nach dem Mutterschutzgesetz beachten?

1. Werdende Mütter dürfen in den letzten sechs Wochen vor der Entbindung nicht beschäftigt werden, es sei denn, dass sie sich zur Arbeitsleistung ausdrücklich bereit erklären; die Erklärung kann jederzeit widerrufen werden. 2. Frau Klein darf während der Schwangerschaft nicht stehend arbeiten. 3. Akkordarbeit ist nur mit Zustimmung der werdenden Mutter erlaubt. 4. Mütter dürfen bis zum Ablauf von acht Wochen nach der Entbindung nicht beschäftigt werden. 5. Eine Kündigung während der Schwangerschaft und bis zum Ablauf von 4 Monaten nach der Entbindung ist grundsätzlich nicht zulässig.	a) Richtig b) Falsch

Frage 6: Ordnen Sie die Rechtsgrundlage entsprechend zu.

1) Eine Kündigung ohne die Anhörung des Betriebsrates ist unwirksam.	a) Jugendarbeitsschutzgesetz
	b) Tarifvertrag
2) Die regelmäßige wöchentliche Arbeitszeit als Fachkraft für Lagerlogistik in Industriebetrieben in Niedersachsen beträgt 38,5 Stunden.	c) Kündigungsschutzgesetz
	d) Betriebsverfassungsgesetz
3) Eine Kündigungsschutzklage muss innerhalb von 3 Wochen eingereicht werden.	e) Jugendschutzgesetz
4) Ein Entgeltausfall darf durch den Besuch der Berufsschule nicht eintreten.	f) Mutterschutzgesetz

Frage 7: Die Bezeichnung eines Lagerhauses lautet: "Lagerservice Mehmet Aydin". Um welche Rechtsform handelt es sich?

a) Offene Handelsgesellschaft
b) Aktiengesellschaft
c) Einzelgesellschaft
d) Gesellschaft mit beschränkter Haftung

Frage 8: Welche ist keine gesetzliche Sozialversicherung?

a) Unfallversicherung
b) Krankenversicherung
c) Rentenversicherung
d) Haftpflichtversicherung

Frage 9: Wer bezahlt die Beiträge zur gesetzlichen Krankenversicherung?

a) Arbeitgeber und Arbeitnehmer
b) Arbeitgeber
c) Arbeitnehmer
d) Krankenkasse

Frage 10: Zwischen welchen Verbänden finden Tarifverhandlungen statt?

a) Zwischen dem Arbeitsamt und den Gewerkschaften
b) Zwischen dem Arbeitgeberverband und der Berufsgenossenschaft
c) Zwischen dem Arbeitgeberverband und der Gewerkschaft
d) Zwischen der Industrie- und Handelskammer und den Gewerkschaften

Frage 11: Was bedeutet der Begriff "Tarifautonomie"?

a) Streit zwischen Arbeitgeber und Gewerkschaften
b) Der Tarifvertrag wird ohne Mitwirken des Staates abgeschlossen.
c) Ein Tarifvertrag wird mit Mitwirken des Staates abgeschlossen.
d) Der Tarifvertrag ist allgemein gültig.

Frage 12: Der Auszubildenden Paula wird die Zulassung zur Abschlussprüfung verweigert. Welchen Grund kann das haben?

a) Paulas Ausbildungsbetrieb ist in Konkurs gegangen.
b) Paula ist schon dreimal durch die Prüfung gefallen.
c) Paula ist durch die Zwischenprüfung gefallen.
d) Paulas Leistungen im Betrieb sind in der letzten Zeit ziemlich schlecht.

Frage 13: Leon Beier verdient 2000,00 Euro brutto monatlich. Der Beitragssatz zu seiner Krankenkasse beträgt 14,6 %, davon trägt der Arbeitgeber 7,3 %. Welcher Betrag wird ihm monatlich als Krankenkassenbeitrag von seinem Bruttogehalt abgezogen?

a) 0,00 Euro
b) 292,00 Euro
c) 164,00 Euro
d) 146,00 Euro

Frage 14: Welches ist die "Zuständige Stelle" für die Berufsausbildung?

a) Industrie- und Handelskammer oder Handwerkskammer
b) Arbeitgeberverband
c) Gewerkschaft
d) Berufsschule

Frage 15: Herr Horn wohnt in Lübeck und arbeitet als Fachkraft für Lagerlogistik in Hamburg. Wo muss er seine Einkommenssteuererklärung einreichen?

a) Finanzamt Hamburg
b) Bei seinem Arbeitgeber
c) Finanzamt Lübeck
d) Rathaus Hamburg

B. Gemischte WiSo-Fragen

Bei diesem Aufgabenblock ist eine Antwort pro Frage richtig.

Frage 1: Wer ist das Staatsoberhaupt der Bundesrepublik Deutschland?

a) Bundeskanzler
b) Bundespräsident
c) Bundestagspräsident
d) Ministerpräsident

Frage 2: Welches Ziel hat die Wirtschaftspolitik der Bundesregierung?

a) Löhne und Gehälter erhöhen.
b) Steuern senken.
c) Steuern erhöhen.
d) Vollbeschäftigung erreichen.

Frage 3: Ein Hotel hat einen Wellnessbereich neu eingerichtet. Welches Fachwort beschreibt diese Aktion?

a) Umsatz
b) Werbung
c) Investition
d) Hypothek

Frage 4: Wer vertritt bei Tarifverhandlungen die Interessen der Arbeitnehmer?

a) Die zuständige Gewerkschaft
b) Der zuständige Arbeitgeberverband
c) Die Handelskammer
d) Die Berufsgenossenschaft

Frage 5: Welches Produkt ist ein Konsumgut?

a) Europalette
b) Hochregal
c) Schwarzbrot
d) Gabelstapler

Frage 6: Der Euro wird aufgewertet. Wie wirkt sich das für deutsche Produkte außerhalb des Euro-Raumes aus?

a) Deutsche Produkte werden billiger.
b) Deutsche Produkte werden teurer.
c) Es gibt keine Auswirkungen.
d) Der Export steigt stark an.

Frage 7: Der Staat möchte die Konjunktur fördern. Welche Maßnahme ist geeignet?

a) Keine Investitionen tätigen, z. B. keine Straßen bauen.
b) Einkommenssteuer erhöhen.
c) Erhöhung der Investitionen, z. B. Straßen bauen.
d) Der Staat hat keine Möglichkeiten, die Konjunktur zu fördern.

Frage 8: Ein Unternehmen erhält weniger Aufträge und muss Mitarbeiter entlassen. Welcher Fachausdruck passt hierfür?

a) Rezession
b) Deflation
c) Expansion
d) Konjunkturerholung

Frage 9: Welche Punkte kennzeichnen den Begriff "Marktwirtschaft"?

a) Preise werden durch ein Institut festgelegt.
b) Preisbildung durch Angebot und Nachfrage.
c) Die Preise werden durch den Staat festgelegt.
d) Es wird durch den Staat ein Plan aufgestellt.

Frage 10: Die Europäische Zentralbank senkt die Zinsen. Was will sie damit erreichen?

a) Investitionen erschweren.
b) Die Konjunktur bremsen.
c) Die Konjunktur ankurbeln.
d) Kredite verteuern.

Frage 11: Welche Auswirkung hat eine sinkende Konjunktur auf den Arbeitsmarkt?

a) Der Auftragseingang nimmt zu und es werden viele Einstellungen vorgenommen.
b) Die Konjunktur hat keinen Einfluss auf den Arbeitsmarkt.
c) Die Zahl der Arbeitslosen nimmt ab.
d) Die Zahl der Arbeitslosen steigt.

Frage 12: Was sind Subventionen?

a) Ein staatlicher Zuschuss
b) Eine zusätzliche Einkommenssteuer
c) Sie fallen bei der Einreise nach Deutschland an.
d) Eine Steuerart, die monatlich ans Finanzamt abgeführt werden muss.

C. Betriebsrat / Mitbestimmung

Bei diesem Aufgabenblock ist eine Antwort pro Frage richtig.

Frage 1: In welchem Abstand wird der Betriebsrat gewählt?

a) Alle 4 Jahre
b) Alle 3 Jahre
c) Alle 2 Jahre
d) Der Abstand wird durch die Geschäftsleitung festgelegt.

Frage 2: Wer nimmt an der Betriebsversammlung teil?

a) Nur die Gewerkschaftsmitglieder des Betriebes
b) Nur die Gewerkschaftsmitglieder und die gewählten Betriebsräte
c) Alle Mitarbeiter des Betriebes
d) Die Geschäftsleitung und der Betriebsrat

Frage 3: Einem Arbeitnehmer wird gekündigt ohne den Betriebsrat zu hören. Welche Aussage ist richtig?

a) Die Kündigung ist wirksam. Die Geschäftsführung braucht den Betriebsrat nicht hinzuzuziehen.
b) Die Kündigung ist nicht wirksam. Kündigungen nimmt nur der Betriebsrat vor.
c) Die Kündigung ist nicht wirksam, da laut Betriebsverfassungsgesetz der Betriebsrat zu hören ist.
d) Die Kündigung ist wirksam, wenn der Betriebsrat zuvor informiert wurde.

Frage 4: Wer vertritt bei Tarifverhandlungen die Interessen der Arbeitnehmer?

a) Der Betriebsrat der Unternehmen
b) Die zuständige Gewerkschaft
c) Die Sozialversicherungsverbände
d) Die Berufsgenossenschaft

Frage 5: Ordnen Sie die Rechte des Betriebsrates entsprechend zu.

1. Einführung eines neuen Produktes.	
2. Beginn und Ende der Arbeitszeiten.	a) Mitbestimmungsrecht
3. Versetzung eines Mitarbeiters.	b) Anhörungsrecht
4. Belegung von Mitarbeiterwohnungen.	c) Informationsrecht
5. Einstellung einer leitenden Mitarbeiterin.	

Frage 6: Die Pausenzeiten sollen geändert werden. Welches Recht hat der Betriebsrat?

a) Der Betriebsrat hat ein Mitbestimmungsrecht.
b) Der Betriebsrat hat kein Mitbestimmungsrecht.
c) Der Betriebsrat braucht nur informiert zu werden (Informationsrecht).
d) Der Betriebsrat bestimmt allein über die Pausenregelung nach dem Alleinvertretungsrecht.

Frage 7: Wer wählt die Jugend- und Auszubildendenvertretung?

a) Nur Auszubildende und Arbeitnehmer unter 18 Jahren
b) Nur Auszubildende und Arbeitnehmer unter 21 Jahren
c) Alle Mitarbeiter des Betriebes unter 25 Jahren
d) Alle Auszubildenden (unabhängig vom Alter) und die Arbeitnehmer unter 18 Jahren

Frage 8: In welchem Fall kann die Maßnahme erst durch Zustimmung des Betriebsrates wirksam werden?

a) Es sollen neue langfristige Kredite aufgenommen werden.
b) Die Betriebsferien / Werksferien werden festgelegt.
c) Es sollen neue Firmenwagen für die Verkaufsabteilung angeschafft werden.
d) Die Bonuszahlungen für die Vorstände / Geschäftsführung werden neu festgelegt.

Frage 9: Sonja Sommer wurde in den Betriebsrat gewählt. Ordnen Sie nachfolgende Aussagen entsprechend zu.

Aussagen	
1. Frau Sommer erhält einen Gehaltszuschlag wegen besonderer Belastungen.	
2. Für Mitglieder des Betriebsrates gilt ein „Besonderer Kündigungsschutz“.	
3. Eine außerordentliche Kündigung von Frau Sommer aus „wichtigem Grund“ ist möglich.	a) Richtig
4. Mit dem Ende der Amtszeit als Betriebsrat endet auch der „Besondere Kündigungsschutz“.	b) Falsch
5. Alle Betriebsratsmitglieder müssen Mitglied der entsprechenden Gewerkschaft sein.	

Frage 10: Sie möchten in Ihre Personalakte einsehen.
Auf welches Gesetz können Sie sich beziehen?

a) Bürgerliches Gesetzbuch (BGB)
b) Handelsgesetzbuch (HGB)
c) Betriebsvereinbarung
d) Betriebsverfassungsgesetz

Frage 11: In welchem Abstand wird die Vertretung der Jugendlichen und Auszubildenden gewählt?

a) Nach Bedarf
b) Alle 3 Jahre
c) Alle 2 Jahre
d) Alle 4 Jahre

Frage 12: Wer trägt die Kosten für die Wahl des Betriebsrates?

a) Der Staat
b) Der Arbeitgeber
c) Die Gewerkschaft
d) Der Betriebsrat

D. Berufsausbildung

Bei diesem Aufgabenblock ist eine Antwort pro Frage richtig.

Frage 1: In der beruflichen Ausbildung wird vom "Dualen System" gesprochen. Was ist damit gemeint?

a) Der Ausbildungsvertrag wird von 2 Parteien (Auszubildende/r und Betrieb) unterschrieben.
b) Die IHK führt 2 verschiedene Prüfungen durch, die praktische und die schriftliche Prüfung.
c) Die Berufsausbildung wird durch die Berufsschule und den Ausbildungsbetrieb durchgeführt.
d) Die Zusammenarbeit von Betrieb und Industrie- und Handelskammer oder Handwerkskammer wird als "Duales System" bezeichnet.

Frage 2: In der Berufsausbildung sind die Ausbildungsinhalte festgelegt. Wo können Sie diese Inhalte nachlesen?

a) Ausbildungsberufsbild und Ausbildungsrahmenplan
b) Ausbildungsberufsbild und Ausbildungsvertrag
c) Ausbildereignungsverordnung und Rahmenstoffplan
d) Ausbildungsrahmenplan und Prüfungsrichtlinien

Frage 3: In Ihrem Betrieb soll ein Ausbildungsplatz neu besetzt werden. Der Personalverantwortliche erhält eine Bewerbung von einem jungen Mann ohne Schulabschluss. Darf der Betrieb den jungen Mann auch ohne Schulabschluss ausbilden?

a) Nein, für eine Ausbildung im „Dualen System“ ist ein Schulabschluss Voraussetzung.
b) Nein, da er wahrscheinlich den schulischen Teil nicht schaffen wird.
c) Nein, die Berufsschule nimmt ihn ohne Schulabschluss nicht auf.
d) Ja, für die Berufsausbildung im "Dualen System" gibt es keinen vorgeschriebenen Schulabschluss.

Frage 4: Sie werden beauftragt einer/m Bewerber/in für den Beruf Fachkraft für Lagerlogistik einen Personalfragebogen zuzusenden. Ordnen Sie zu, ob die Fragen zulässig oder nicht zulässig sind.

1. Haben Sie einen Führerschein? 2. Liegt eine Schwangerschaft vor? 3. Welchen Schulabschluss haben Sie? 4. Welche Zensuren haben Sie in den Fächern Mathematik und Physik? 5. Sind Sie Gewerkschaftsmitglied?	a) Die Frage ist zulässig. b) Die Frage ist nicht zulässig.

Frage 5: Es wird eine neue Auszubildende eingestellt. Nina Müller ist 19 Jahre und freut sich auf ihre Ausbildung. Der Personalverantwortliche will mit ihr einen Ausbildungsvertrag abschließen? Welche Aussage ist richtig?

a) Der Ausbildungsvertrag kommt zustande durch die Unterschrift von Nina Müller und dem Vertreter des Ausbildungsbetriebes.
b) Der Ausbildungsvertrag bedarf der Unterschrift der Eltern von Nina Müller, da diese sie finanziell unterstützen.
c) Der Ausbildungsvertrag bedarf einer besonderen Form, da Nina Müller schon volljährig ist.
d) Ein mündlich geschlossener Ausbildungsvertrag zwischen Nina Müller und dem Ausbildungsbetrieb wäre unwirksam.

Frage 6: Wie lange darf die Probezeit im Berufsausbildungsvertrag nach dem Berufsbildungsgesetz dauern?

a) Die Probezeit beträgt 3 Monate.
b) Die Probezeit liegt zwischen 1 Monat und 6 Monaten.
c) Die Probezeit beträgt 4 Monate.
d) Die Probezeit muss zwischen 1 Monat und 4 Monaten liegen.

Frage 7: Ist eine Verlängerung der Probezeit möglich? Welche Aussage ist zutreffend?

a) Eine Verlängerung ist nicht vorgesehen, da der Auszubildende besonderen Schutz genießt.
b) Eine Verlängerung ist möglich, wenn noch nicht absehbar ist, ob der Auszubildende geeignet ist.
c) Eine Verlängerung ist möglich, wenn der Auszubildende $^{1}/_{3}$ der Ausbildungszeit ausfällt, z. B. durch Krankheit. Dies muss vorher vereinbart worden sein.
d) Eine Verlängerung ist möglich, wenn beide Parteien dies möchten.

Frage 8: Hanne Haase erhält einen Ausbildungsplatz als Fachkraft für Lagerlogistik. Sie ist am 26. April 17 Jahre alt geworden. Wie hoch ist ihr Urlaubsanspruch?

a) Mindestens 30 Werktage
b) Mindestens 25 Werktage
c) Mindestens 27 Werktage
d) Mindestens 23 Werktage

Frage 9: Ein Bewerber möchte seine Ausbildung zur Fachkraft für Lagerlogistik verkürzen. In welchem Fall wäre das möglich?

a) Mit Abitur wäre eine Kürzung um 12 Monate möglich.
b) Mit einem guten Hauptschulabschluss ist eine Kürzung um 9 Monate anzustreben.
c) Eine Kürzung der Ausbildungszeit ist generell nicht möglich.
d) Eine Kürzung ist nur innerhalb der Ausbildung durch gute Leistungen nach § 45 Berufsbildungsgesetz möglich.

Frage 10: Welche Regelung im Ausbildungsvertrag wäre nicht mit geltendem Recht zu vereinbaren und somit nichtig?

a) Berechnung des Urlaubes
b) Festlegung von Vertragsstrafen bei Verletzung des Ausbildungsvertrages
c) Dauer der Probezeit
d) Höhe der Ausbildungsvergütung

Frage 11: Die Dauer der Ausbildung kann für verschiedene Berufe unterschiedlich sein. Nach welcher Rechtsgrundlage richtet sich die Dauer der Ausbildung?

a) Betriebsverfassungsgesetz
b) Ausbildereignungsverordnung
c) Handelsgesetzbuch
d) Ausbildungsordnung

Frage 12: Bei der Berufsausbildung sind verschiedene Gesetze und Verordnungen zu berücksichtigen. Ordnen Sie die Stichpunkte der entsprechenden Rechtsgrundlage zu.

1. Dauer der Ausbildungszeit 2. Zusammensetzung des Prüfungsausschusses 3. Anforderungen in der Zwischen- und Abschlussprüfung 4. Mitbestimmung des Betriebsrates 5. Regelung der Pausen bei Jugendlichen 6. Erstuntersuchung, Nachuntersuchung bei jugendlichen Auszubildenden	a) Betriebsverfassungsgesetz b) Jugendarbeitsschutzgesetz c) Ausbildungsordnung d) Prüfungsordnung der zuständigen Stelle

E. Berufliche Bildung

Bei diesem Aufgabenblock ist eine Antwort pro Frage richtig.

Frage 1: Sonny Sunshine ist 17 Jahre alt und beginnt eine Ausbildung. Wie lange darf Sonny ohne Pause arbeiten?

a) Spätestens nach 3,5 Stunden Arbeitszeit muss eine Pause gewährt werden.
b) Spätestens nach 4,5 Stunden Arbeitszeit muss eine Pause gewährt werden.
c) Spätestens nach 3 Stunden Arbeitszeit muss eine Pause gewährt werden.
d) Spätestens nach 4 Stunden Arbeitszeit muss eine Pause gewährt werden.

Frage 2: Sonny Sunshine hat eine tägliche Arbeitszeit von 8 Stunden. Wie hoch ist der Pausenanspruch und wie lang muss die Pause mindestens sein?

1. Sonny hat Anspruch auf 45 Minuten Pause. 2. Sonny hat Anspruch auf 60 Minuten Pause. 3. Sonny hat Anspruch auf 90 Minuten Pause. 4. Eine Pause muss mindestens 10 Minuten lang sein. 5. Eine Pause muss mindestens 15 Minuten lang sein.	a) Richtig b) Falsch

Frage 3: Hanna Haase (16 Jahre) macht eine Ausbildung als Fachkraft für Lagerlogistik. In ihrem Betrieb wird auch im Schichtdienst gearbeitet. Ist es erlaubt, dass Hanna nach einem Spätdienst am nächsten Tag einen Frühdienst antreten muss?

a) Nein, nach einem Spätdienst dürfen Auszubildende keinen Frühdienst machen.
b) Nein, bei einem Wechsel von Spätdienst auf Frühdienst muss ein freier Tag eingebunden werden.
c) Ja, es müssen aber 12 Stunden Freizeit zwischen den Schichten gewährt werden.
d) Ja, es müssen aber 15 Stunden Freizeit zwischen den Schichten gewährt werden.

Frage 4: Hanna Haase hat 1 x die Woche Berufsschule. Wie wird diese Zeit auf die Arbeitszeit angerechnet?

a) Ein Berufsschultag mit mehr als 5 Stunden wird mit 8 Std. auf die Arbeitszeit angerechnet.
b) Ein Berufsschultag mit mehr als 4 Stunden wird mit 7 Std. auf die Arbeitszeit angerechnet.
c) Ein Berufsschultag mit mehr als 6 Stunden wird mit 8 Std. auf die Arbeitszeit angerechnet.
d) Ein Berufsschultag mit mehr als 4 Stunden wird mit 6 Std. auf die Arbeitszeit angerechnet.

Frage 5: Wer kann sich in die Jugend- und Auszubildendenvertretung wählen lassen?

a) Nur Mitarbeiter des Betriebes unter 18 Jahre.
b) Die Arbeitnehmer des Betriebes unter 25 Jahren und zur Berufsausbildung Beschäftigte (unabhängig vom Alter).
c) Nur Mitarbeiter des Betriebes unter 21 Jahre.
d) Alle Auszubildenden, wenn sie vom Betriebsrat zugelassen wurden.

Frage 6: Was ist unter „Gleitzeit“ zu verstehen?

a) Unter Gleitzeit ist eine Teilzeitarbeit zu verstehen.
b) Die Arbeit erfolgt im Schichtdienst.
c) Der Arbeitsbeginn wechselt wöchentlich laut Dienstplan.
d) Beginn und Ende der Arbeitszeit kann innerhalb eines bestimmten Rahmens selbst bestimmt werden.

Frage 7: Ordnen Sie die Aussagen zur Zwischenprüfung entsprechend zu.

1. Eine schlechte Zwischenprüfung kann zu einer Beendigung des Ausbildungsvertrages führen.	a) Richtig
2. Die Noten der Zwischenprüfung haben einen großen Einfluss auf das Zeugnis der Berufsschule.	b) Falsch
3. Die Teilnahme an der Zwischenprüfung ist Voraussetzung für die Teilnahme an der Abschlussprüfung.	
4. Das Nichtbestehen der Zwischenprüfung hat die Nichtzulassung zur Abschlussprüfung zur Folge.	

Frage 8: Lena Mikojetz ist eine sehr gute Auszubildende als Fachkraft für Lagerlogistik. Ihr Berufsschulzeugnis nach Abschluss des zweiten Lehrjahres hat einen Durchschnitt von 1,7 in den Hauptfächern. Kurz nach Erhalt des Zeugnisses teilt Lena im Betrieb mit, dass sie ihre Ausbildung verkürzen möchte. Welche Aussage ist richtig?

a) Nein, eine Verkürzung ist nicht möglich. Diese hätte schon bei Beginn des Ausbildungsverhältnisses beantragt werden müssen.
b) Nein, eine Verkürzung ist nicht möglich. Die Leistungen in der Berufsschule reichen dafür nicht aus.
c) Nein, der noch nötige Ausbildungsstoff ist ihr in der kurzen Zeit nicht zu vermitteln.
d) Ja, ihre Leistungen im Betrieb und in der Berufsschule sprechen für eine Verkürzung.

Frage 9: Die Auszubildende Lisa Kiewel besteht ihre Abschlussprüfung mit dem letzten Prüfungsteil am 25.06. Die Ergebnisse werden ihr noch am gleichen Tag mitgeteilt. Ihr Ausbildungsvertrag läuft noch bis zum 31.07. Wann endet das Ausbildungsverhältnis?

a) Am 25.06.
b) Am 31.07.
c) Am Tage der Freisprechung
d) Am Ende des Monats, in dem die letzte Prüfung stattfand. In diesem Fall am 30.06.

Frage 10: Der Auszubildende Peter Portimann fällt durch die Prüfung. Kann diese wiederholt werden? Wenn ja, wie oft?

a) Nein, eine Wiederholung ist nicht möglich.
b) Ja, die Prüfung kann 1-mal wiederholt werden.
c) Ja, die Prüfung kann 2-mal wiederholt werden.
d) Ja, die Prüfung kann 3-mal wiederholt werden.

Frage 11: Peter Portimann ist am 12.06. durch die Prüfung gefallen. Am 31.07. endet sein Ausbildungsvertrag. Er möchte seine Ausbildung verlängern bis zur nächsten Prüfung. Muss der Ausbildungsbetrieb das ermöglichen?

a) Nein, der Betrieb muss der Verlängerung nicht zustimmen.
b) Ja, wenn Peter Portimann das verlangt.
c) Die Entscheidung erfolgt durch den Ausbildungsberater der zuständigen Stelle.
d) Nein, da der Ausbildungsbetrieb damit rechnet, dass er die Wiederholungsprüfung auch diesmal nicht schaffen wird.

Frage 12: Die Geschäftsführung teilt Ihnen mit, dass aus wirtschaftlichen Gründen leider keine Auszubildenden zur Fachkraft für Lagerlogistik in ein festes Arbeitsverhältnis übernommen werden können. Welche Aussage dazu ist richtig?

a) Der Ausbildungsvertrag endet mit Fristablauf oder bestandener Prüfung. Eine Kündigung ist nicht notwendig.
b) Der Arbeitgeber muss den Auszubildenden mit entsprechenden Fristen kündigen.
c) Der Arbeitgeber muss die Auszubildenden weiter beschäftigen, bis diese einen neuen Arbeitsplatz gefunden haben.
d) Der Arbeitgeber ist verpflichtet, Auszubildende mindestens 6 Monate zu übernehmen.

Frage 13: Muss der Ausbildungsbetrieb dem Auszubildenden ein Zeugnis ausstellen?

a) Nein, diesen weiteren Aufwand kann man nicht verlangen.
b) Nein, das Zeugnis wird durch die Berufsschule ausgestellt.
c) Nein, aber auf freiwilliger Basis kann der Betrieb ein Ausbildungszeugnis ausstellen.
d) Ja, der Betrieb ist verpflichtet ein Zeugnis auszustellen.

Frage 14: Was ist der Unterschied zwischen einem normalen Arbeitszeugnis und einem qualifizierten Arbeitszeugnis?

a) Das qualifizierte Arbeitszeugnis enthält zusätzlich Angaben über Verhalten und Leistung des Auszubildenden.
b) Das qualifizierte Arbeitszeugnis wird zusätzlich vom zuständigen Ausbilder unterschrieben.
c) Das qualifizierte Arbeitszeugnis enthält eine genaue Beschreibung der Ausbildungsinhalte.
d) Das qualifizierte Arbeitszeugnis enthält Angaben über die körperliche Leistungsfähigkeit und die Krankheitstage.

Frage 15: Wer unterschreibt das Ausbildungszeugnis?

a) Der Auszubildende
b) Der Ausbildende und evtl. der verantwortliche Ausbilder
c) Der Ausbilder und ein Vertreter der Berufsschule
d) Der Ausbilder und der Auszubildende

F. Unternehmensformen

Bei diesem Aufgabenblock ist eine Antwort pro Frage richtig.

Frage 1: Ist eine Offene Handelsgesellschaft eine juristische Person?

a) Ja, da die OHG im Handelsregister eingetragen ist.
b) Ja, alle Gesellschaften ab einem gewissen Umsatz sind juristische Personen.
c) Nein, da die OHG nicht im Handelsregister eingetragen ist.
d) Nein, da keine Organe benötigt werden. Die Gesellschafter sind vertretungsberechtigt.

Frage 2: Sie möchten sich über eine Firma informieren und ins Handelsregister einsehen. Unter welchen Voraussetzungen ist das möglich?

a) Es sind keine Voraussetzungen nötig. Jeder kann ohne Begründung einen Ausdruck anfordern.
b) Sie müssen nachweisen, dass eine Geschäftsbeziehung besteht.
c) Sie benötigen die formlose Erlaubnis der Firma, über die Sie sich informieren wollen.
d) Sie müssen einen berechtigten Grund für die Einsichtnahme nennen.

Frage 3: Ordnen Sie die Aussagen zur Personalgesellschaft entsprechend zu.

1. Die Haftung bei Personengesellschaften ist unbeschränkt.	
2. Die Errichtung durch nur eine Person ist möglich.	a) Richtig
3. Die Gründung einer Personengesellschaft ist aufwendiger als die Gründung einer Kapitalgesellschaft.	b) Falsch
4. Es besteht eine gesamtschuldnerische Haftung der Gesellschafter.	

Frage 4: Jan Petersen hat eine neuartige Leiter entwickelt. Er will diese Leiter herstellen und verkaufen. Dazu überlegt er, welche Gesellschaftsform er nehmen soll. Welche Aussage ist richtig?

a) Bei einer Einzelunternehmung kann er die Geschäftsführung allein ausüben.
b) Zur Gründung einer GmbH muss er sich einen Partner suchen.
c) Bei einer KG könnte er die Geschäftsführung als Kommanditist übernehmen.
d) Eine AG ist speziell für kleinere Unternehmen gut geeignet, da die Gründungskosten gering sind.

Frage 5: Welche Organe hat eine GmbH?

a) Hauptversammlung, Aufsichtsrat, Vorstand
b) Gesellschafter, Vorstand, Aufsichtsrat
c) Gesellschafterversammlung, Vorstand und Aufsichtsrat
d) Gesellschafterversammlung, Geschäftsführer und Aufsichtsrat (bei größeren Unternehmen über 500 Mitarbeitern)

Frage 6: Bei einer Aktiengesellschaft ist der Kurs innerhalb von 4 Wochen von 132,50 € auf 112,30 € gesunken. Welche Aussage ist richtig?

a) Durch eine erhöhte Nachfrage ist der Kurs gesunken.
b) Der Nennwert der Aktie ist gesunken.
c) Der Kursrückgang wirkt sich nicht auf den Nennwert der Aktie aus.
d) Der Nennwert der Aktie ist gestiegen.

Frage 7: Um welche Gesellschaftsform handelt es sich bei der Firma „Lagerlogistik Müller GmbH & Co. KG"?

a) Um eine GmbH
b) Um eine Kommanditgesellschaft
c) Um eine Offene Handelsgesellschaft
d) Um eine Aktiengesellschaft

Frage 8: Zu welchem Zeitpunkt ist eine GmbH fähig, Rechtsgeschäfte abzuschließen?

a) Mit der Eintragung ins Handelsregister
b) Ab einem von den Gesellschaftern bestimmten Zeitpunkt
c) Mit der Unterschrift unter dem Gesellschaftervertrag
d) Dem der Gründung nachfolgenden Monatsersten

Frage 9: Wer haftet bei einer Aktiengesellschaft?

a) Der Aktionär haftet mit dem Kurswert seiner Aktie, die über dem Nennwert liegt.
b) Der Vorstand und der Aufsichtsrat haften gesamtschuldnerisch.
c) Der Vorstand haftet unbeschränkt.
d) Die Aktiengesellschaft haftet mit ihrem Gesellschaftsvermögen.

Frage 10: Welches der genannten Unternehmen ist eine Personengesellschaft?

a) Müller Feinkost GmbH
b) Lukas Meier, Feinkost
c) Kaewel Logistik AG
d) Meierei Ostsee e.G.

Frage 11: Wie ist bei einer KG die Bezeichnung für den Vollhafter?

a) Geschäftsführer
b) Kommanditist
c) Komplementär
d) Sekretär

Frage 12: Welches der genannten Unternehmen ist eine Kapitalgesellschaft?

a) Peter Müller OHG
b) Heinrich Lehmann Lagertechnik
c) Wolfgang Lohmann Autohandel
d) Heizung Wolfrahm GmbH

G. Vertragsrecht / Geschäftsfähigkeit

Bei diesem Aufgabenblock ist eine Antwort pro Frage richtig.

Frage 1: Ordnen Sie die Rechtsgeschäfte entsprechend zu.

1) Kündigung 2) Kaufvertrag 3) Mietvertrag 4) Testament 5) Werkvertrag	a) Einseitiges Rechtsgeschäft b) Zweiseitiges Rechtsgeschäft

Frage 2: Ein Vertrag kann angefochten werden, wenn...

a) das Geschäft mit einer geschäftsunfähigen Person abgeschlossen wurde.
b) ein Scheingeschäft abgeschlossen wurde.
c) gegen Formvorschriften verstoßen wurde.
d) bei der Abgabe der Willenserklärung ein Irrtum passiert ist.

Frage 3: Ein Kunde kauft am 14.03. ein neues Fernsehgerät. Es wird vertraglich vereinbart, dass die Lieferung bis zum 28.03. erfolgen muss. Wie nennt man diesen Kauf?

a) Ratenkauf
b) Fixkauf
c) Kauf auf Abruf
d) Spezifikationskauf

Frage 4: Welche Rechte hat ein Käufer bei Lieferung einer mangelhaften Ware oder Sache grundsätzlich?

a) Nacherfüllung, Rücktritt vom Vertrag, Minderung des Preises, Schadensersatz, Ersatz vergeblicher Aufwendungen
b) Das Recht auf Nacherfüllung kann er nicht in Anspruch nehmen.
c) Nacherfüllung, Rücktritt vom Vertrag, Minderung des Preises, Schadensersatz, Eidesstattliche Versicherung des Lieferanten
d) Nacherfüllung, Rücktritt vom Vertrag, Minderung des Preises, Zahlung einer Vertragsstrafe des Lieferanten

Frage 5: Ein Verkäufer muss eine Ware entsprechend einer festgelegten Probe liefern. Wie wird dieser Vertrag genannt?

a) Fixkauf
b) Kauf auf Probe
c) Kauf nach Probe
d) Kauf auf Abruf

Frage 6: Wann sind Mängel zu rügen (beim Handelskauf)?

a) Die Ware muss bei Eingang kontrolliert werden. Offene und versteckte Mängel sind sofort zu rügen.
b) Die Ware muss bei Eingang kontrolliert werden. Offene Mängel sind sofort zu rügen, versteckte Mängel unverzüglich nach Entdeckung.
c) Beim Handelskauf ist die Ware innerhalb von 14 Tage zu prüfen und innerhalb von 21 Tagen zu rügen.
d) Beim Handelskauf ist die Ware innerhalb von 21 Tagen zu prüfen und innerhalb von 28 Tagen zu rügen.

Frage 7: Welche Aussage zum Kaufvertrag ist richtig?

a) Der Kaufvertrag ist ein einseitiges Rechtsgeschäft.
b) Ein Kaufvertrag muss immer schriftlich erfolgen.
c) Eine Befristung des Angebotes, dass zu einem Kaufvertrag führt, ist ungültig.
d) Der Kaufvertrag ist ein zweiseitiges Rechtsgeschäft.

Frage 8: In welcher Gruppe werden Kaufverträge genannt, bei denen ein höherer Aspekt auf der Lieferzeit liegt?

a) Terminkauf, Fixkauf, Kauf auf Abruf
b) Terminkauf, Kauf zur Probe, Barkauf
c) Kauf nach Probe, Fixkauf, Kauf auf Abruf
d) Kauf nach Probe, Kauf zur Probe, Bestimmungskauf

Frage 9: Welche Aussage zu "Besitz" und "Eigentum" ist richtig?

a) Besitzer und Eigentümer sind immer identisch.
b) Eigentum ist die anerkannte und tatsächliche Herrschaft einer Person über eine Sache.
c) Besitz ist die anerkannte und tatsächliche Herrschaft einer Person über eine Sache.
d) Besitz ist das umfassendste Recht an einer Sache. Der Besitzer kann die Sache u. a. vermieten und verkaufen.

Frage 10: Die Firma Maschinenbau Müller GmbH braucht einen neuen Transporter. Es stehen Kauf oder Leasing zur Debatte. Welche Aussage ist richtig?

a) Bei einem Leasingvertrag wird die Firma Maschinenbau Müller GmbH Eigentümer des Transporters.
b) Bei einem Leasingvertrag wird die Leasinggesellschaft Eigentümer des Transporters.
c) Die Finanzierung über Leasing ist immer günstiger.
d) Leasing und Mietkauf sind identisch.

Frage 11: Wie wird ein endgültiger Kauf genannt mit der Absicht, bei Zufriedenheit eine größere Menge zu erwerben?

a) Kauf auf Abruf
b) Kauf nach Probe
c) Bestimmungskauf
d) Kauf zur Probe

Frage 12: Ab wann ist ein Mensch rechtsfähig?

a) Mit der Geburt
b) Mit der Vollendung des 7. Lebensjahres
c) Mit der Vollendung des 14. Lebensjahres
d) Mit der Vollendung des 18. Lebensjahres

Frage 13: Welche Personengruppe gilt als <u>nicht</u> geschäftsfähig?

a) Personen unter 7 Jahren
b) Personen, die zwischen 7 und 14 Jahre alt sind.
c) Personen über 18 Jahren
d) Personen ab dem 80. Lebensjahr

Frage 14: Welche Personen sind voll geschäftsfähig?

a) Alle rechtsfähigen Personen
b) Personen, die das 7. Lebensjahr vollendet haben.
c) Alle volljährigen Personen
d) Personen, die das 14. Lebensjahr vollendet haben.

Frage 15: Welche Aussage zur Geschäftsfähigkeit ist <u>falsch</u>?

a) Geschäftsfähigkeit ist die Fähigkeit, Träger von Rechten und Pflichten zu sein.
b) Minderjährige, die das 7. Lebensjahr nicht vollendet haben, sind geschäftsunfähig.
c) Beschränkt geschäftsfähig sind Minderjährige vom vollendeten 7. bis zum vollendeten 18. Lebensjahr.
d) Rechtsgeschäfte, die beschränkt Geschäftsfähige schließen, sind schwebend unwirksam, wenn sie nicht mit Einwilligung des gesetzlichen Vertreters (meist die Eltern) abgeschlossen werden.

H. Sozialversicherung

Bei diesem Aufgabenblock ist eine Antwort pro Frage richtig.

Frage 1: Welche Versicherung gehört <u>nicht</u> zu den gesetzlichen Sozialversicherungen?

a) Lebensversicherung
b) Krankenversicherung
c) Rentenversicherung
d) Arbeitslosenversicherung

Frage 2: Für welche gesetzliche Sozialversicherung zahlt allein der Arbeitgeber die Beiträge?

a) Krankenversicherung
b) Rentenversicherung
c) Unfallversicherung
d) Pflegeversicherung

Frage 3: Ordnen Sie die Leistungen der entsprechenden Sozialversicherung zu.

1) Kurzarbeitergeld	a) Berufsgenossenschaft
2) Krankengeld	b) Pflegeversicherung
3) BAföG	c) Arbeitslosenversicherung
4) Pflegegeld	d) Krankenversicherung
5) Leistung nach Wegeunfall auf dem Weg von / zur Arbeit.	e) Die Leistung wird nicht von einer Sozialversicherung bezahlt.

Frage 4: Bei einer Sozialversicherung wird vom "Generationenvertrag" gesprochen. Was ist damit gemeint?

a) Die schnelle Vermittlung in der Arbeitslosenversicherung
b) Die "erste Hilfe" in der Krankenversicherung
c) Die Beitragszahlung von Arbeitgeber und Arbeitnehmer
d) Das Umlageverfahren in der gesetzlichen Rentenversicherung

Frage 5: Wie heißt der Träger der gesetzlichen Unfallversicherung?

a) Bundesagentur für Arbeit
b) Berufsgenossenschaften
c) Allgemeine Ortskrankenkassen
d) Ersatzkassen

Frage 6: Zu welcher Gruppe gehört die „Techniker Krankenkasse“?

a) Zu den Ersatzkassen
b) Zu den Allgemeinen Ortskrankenkassen
c) Zu den Pflegeversicherungen
d) Zu den Privatkassen

Frage 7: Ordnen Sie die Aussagen entsprechend zu?

1. Jeder Arbeitnehmer muss gegen Krankheit versichert sein. 2. Der Arbeitnehmer hat die Wahl, in welche Krankenversicherung er einzahlt. 3. Wenn das Einkommen die Beitragsbemessungsgrenze überschreitet, wird der Arbeitnehmer aus der gesetzlichen Krankenversicherung ausgeschlossen. 4. Wenn das Einkommen die Beitragsbemessungsgrenze überschreitet, hat der Arbeitnehmer die Möglichkeit, sich privat zu versichern.	a) Richtig b) Falsch

Frage 8: Welche Leistung wird von der Arbeitslosenversicherung getragen?

a) Krankengeld
b) Übergangsgeld nach einem Arbeitsunfall
c) Rente wegen Minderung der Erwerbsfähigkeit
d) Kurzarbeitergeld

Frage 9: Florian Novak ist auf dem direkten Weg zur Arbeit in einen Unfall verwickelt und wird verletzt. Welche Sozialversicherung muss die Kosten für die anstehende Krankenhausbehandlung von Herrn Novak zahlen?

a) Krankenversicherung
b) Unfallversicherung
c) Pflegeversicherung
d) KFZ-Versicherung von Herrn Novak

Frage 10: Welches Gericht wäre bei Streitigkeiten zuständig?

1) Die Bundesagentur für Arbeit sperrt das Arbeitslosengeld. 2) Güteverhandlung vor einem Kündigungsschutzprozess 3) Streitigkeiten über das Kindergeld 4) Angelegenheiten des Schwerbehindertenrechts 5) Gültigkeit von Tarifverträgen	a) Sozialgericht b) Arbeitsgericht

Frage 11: Die Einstufung der Pflegeversicherung in Pflegegrade wird vorgenommen durch ...

a) den Hausarzt
b) die Angehörigen
c) den Medizinischen Dienst
d) den Durchgangsarzt / Unfallarzt

Frage 12: Die Sozialwahl ist die Wahl zu den Organen der gesetzlichen Sozialversicherungsträger. In welchem Abstand wird sie durchgeführt?

a) Jedes Jahr
b) Alle 2 Jahre
c) Alle 4 Jahre
d) Alle 6 Jahre

I. Der Staat und seine Institutionen / Wirtschaftspolitik

Bei diesem Aufgabenblock ist eine Antwort pro Frage richtig.

Frage 1: Ordnen Sie nachfolgende Aussagen entsprechend zu.

1. Der Bundespräsident wird von der Bundesversammlung gewählt.	
2. Der Bundeskanzler wird vom Bundesrat gewählt.	a) Richtig
3. Der Bundeskanzler wird vom Bundestag gewählt.	b) Falsch
4. Bundestagswahlen finden alle 5 Jahre statt.	

Frage 2: Welche Gewalt wird als "ausführende Gewalt" bezeichnet?

a) Judikative
b) Legislative
c) Exekutive
d) Demokratie

Frage 3: Ordnen Sie die Aussagen entsprechend zu.

1. Jeder kann Verträge schließen, so wie er es möchte.	
2. Per Gesetz werden Mütter geschützt.	a) Freie Marktwirtschaft
3. Es gilt der Grundsatz: Eigentum verpflichtet.	
4. Unternehmen können produzieren, was sie möchten.	b) Soziale Marktwirtschaft
5. Privateigentum ist nicht eingeschränkt.	

Frage 4: Wie wird die Wirtschaftsordnung in der Bundesrepublik Deutschland genannt?

a) Soziale Marktwirtschaft
c) Kapitalismus
d) Sozialismus
e) Zentralverwaltungswirtschaft

Frage 5: Wer wählt den Bundeskanzler?

a) Der Bundesrat
b) Der Bundestag
c) Die Bundesversammlung
d) Das Volk

Frage 6: Das Grundgesetz ist die rechtliche und politische Grundordnung in der Bundesrepublik Deutschland. In welchem Jahr trat es in Kraft?

a) 1949
b) 1945
c) 1939
d) 1955

Frage 7: Ordnen Sie dem Bundesland die entsprechende Landeshauptstadt zu.

1. Schleswig-Holstein 2. Brandenburg 3. Bayern 4. Hessen 5. Thüringen	a) Erfurt b) München c) Mainz d) Wiesbaden e) Potsdam f) Dresden g) Kiel

Frage 8: Wie heißt das Verfassungsorgan, durch das die Bundesländer bei der Gesetzgebung und Verwaltung mitwirken können?

a) Bundesrat b) Kreistag c) Bundestag d) Europaparlament

Frage 9: Welches Ziel gehört nicht zum "magischen Viereck"?

a) Angemessenes und stetiges Wirtschaftswachstum
b) Zufriedene Bürger und Bürgerinnen
c) Preisstabilität
d) Außenwirtschaftliches Gleichgewicht

Frage 10: Was ist im Wirtschaftsbereich unter dem "Maximalprinzip" zu verstehen?

a) Ein vorgegebenes Ziel soll mit einem Minimum an Kosten erreicht werden.
b) Ein vorgegebenes Ziel soll mit einem Maximum an Kosten erreicht werden.
c) Mit vorgegebenen Mitteln soll ein Maximum an Ertrag erzielt werden.
d) Mit vorgegebenen Mitteln soll ein Minimum an Ertrag erzielt werden.

Frage 11: Der Staat möchte in einer konjunkturellen Abschwungphase die Nachfrage nach Konsumgütern steigern. Welche Maßnahme wäre geeignet?

a) Erhöhung der Kraftfahrzeugsteuer
b) Senkung der Bafög-Sätze
c) Einführung einer neuen Sondersteuer
d) Erhöhung des Kindergeldes

Frage 12: Ordnen Sie die Kurzbeschreibungen entsprechend zu.

1. Die Wirtschaftsleistung (BIP) geht zurück. Die Hochkonjunktur schwächt sich ab. 2. Minderung der Kaufkraft des Geldes. 3. Signifikanter und anhaltender Rückgang des Preisniveaus für Waren und Dienstleistungen. 4. Gleichzeitiges Auftreten von wirtschaftlicher Stagnation und Inflation in einer Volkswirtschaft.	a) Deflation b) Expansion c) Rezession d) Hochkonjunktur e) Inflation f) Stagflation

Frage 13: Welches Land gehört <u>nicht</u> zur EU?

a) Belgien
b) Polen
c) Türkei
d) Schweden

Frage 14: Welcher Begriff gibt den Gesamtwert aller Güter (Waren und Dienstleistungen) an, die innerhalb eines Jahres innerhalb der Landesgrenzen einer Volkswirtschaft hergestellt wurden?

a) Bruttonationaleinkommen
b) Bruttoinlandsprodukt
c) Nettoinlandsprodukt
d) Volkseinkommen

Frage 15: Welche Behörde kann Zusammenschlüsse von Unternehmen verbieten, missbräuchliche Verhaltensweisen untersagen, Auflagen erteilen und Geldbußen verhängen?

a) Wirtschaftsministerium
b) Verbraucherministerium
c) Industrie- und Handelskammer
d) Bundeskartellamt

J. Grundlagen Betriebswirtschaft und Volkswirtschaft

Die Anzahl der richtigen Antworten ist bei den Fragen angegeben!

Frage 1: Welche Aussagen zur Marktwirtschaft sind richtig? 2 richtige Antworten

a) Durch Angebot und Nachfrage wird der Preis festgelegt.
b) Das Angebot wird kurz nach den Wahlen vom Wahlsieger festgelegt.
c) Eine hohe Nachfrage kann zu Preissteigerungen führen.
d) Durch einen 5-Jahres-Plan wird das Angebot festgelegt.

Frage 2: Welche Beispiele wären Investitionen eines Betriebes? 2 richtige Antworten

a) Eine Bäckerei schafft sich einen neuen Ofen an.
b) Die Streichung des Weihnachtsgeldes für die Mitarbeiter.
c) Für einen neuen Mitarbeiter werden Zuschüsse bei der Arbeitsagentur beantragt.
d) Eine KFZ Werkstatt kauft eine neue Hebebühne.

Frage 3: Durch welche Maßnahme könnte die Arbeitsproduktivität gesteigert werden? 1 richtige Antwort

a) Die Arbeitszeit wird verkürzt.
b) Die Arbeitszeit wird verlängert.
c) Ein neuer, moderner Gabelstapler wird angeschafft.
d) 2 neue Mitarbeiterinnen werden eingestellt.

Frage 4: Bei welchem Beispiel wird nach dem „Minimalprinzip" gehandelt (Ökonomisches Prinzip)? 1 richtige Antwort

a) Ein Malermeister vergleicht die Preise für Farbe und kauft beim günstigsten Anbieter.
b) Ein Malermeister kauft für einen bestimmten Betrag so viel Farbe wie möglich.
c) Ein Malermeister holt mindestens 5 verschiedene Angebote ein.
d) Ein Malermeister versucht möglichst viel Farbe für einen möglichst geringen Preis zu kaufen.

Frage 5: Welche Aussage zum „Maximalprinzip" (Ökonomisches Prinzip) ist richtig? 1 richtige Antwort

a) Mit möglichst geringen Mitteln soll ein bestimmter Ertrag erzielt werden.
b) Mit gegebenen Mitteln soll ein möglichst hoher Ertrag erzielt werden.
c) Mit möglichst geringen Mitteln soll ein möglichst hoher Ertrag erzielt werden.
d) Mit gegebenen Mitteln soll ein gegebener Ertrag erzielt werden.

Frage 6: Welche der genannten Leistungen wird im Wirtschaftszweig „Handel" erbracht? 1 richtige Antwort

a) Herstellung von Gütern
b) Herstellung von Rohstoffen
c) Verteilung von Gütern an den Endverbraucher
d) Versorgung der Wirtschaft mit Krediten

Frage 7: Wieso ist wirtschaftliches Handeln notwendig? 1 richtige Antwort

a) Weil Bedürfnisse knapp sind.
b) Weil alle Bedürfnisse mit den Gütern gedeckt werden können.
c) Weil Güter nicht knapp sind.
d) Weil Güter knapp sind.

Frage 8: Welche Aussagen zu einem Kartell sind richtig? 2 richtige Antworten

a) Ein Kartell ist ein Zusammenschluss von selbständig bleibenden Unternehmen.
b) Mindestens 4 Firmen sind zur Bildung eines Kartells notwendig.
c) Es entsteht bei der Bildung eines Kartells eine neue Firma.
d) Staatliche Verbote oder Regulierungen sind im Kartellrecht geregelt.

Frage 9: Durch welche Maßnahmen wird die Nachfrage privater Konsumenten verringert? 2 richtige Antworten

a) Senkung der Umsatzsteuer.
b) Erhöhung der Umsatzsteuer.
c) Erhöhung der Lohnsteuer.
d) Senkung der Lohnsteuer.

Frage 10: Welche Aussagen sprechen für einen Käufermarkt? 2 richtige Antworten

a) Beim Käufermarkt ist das Angebot größer als die Nachfrage.
b) Beim Käufermarkt kann der Verkäufer steigende Preise gut durchsetzen.
c) Beim Käufermarkt kann der Verkäufer steigende Preise nicht durchsetzen.
d) Beim Käufermarkt ist die Nachfrage größer als das Angebot.

Frage 11: Wie wird eine Marktsituation genannt, bei der es für ein bestimmtes Gut nur einen Anbieter gibt? 1 richtige Antwort

a) Oligopol
b) Polypol
c) Vollkommener Markt
d) Monopol

Frage 12: Wie bilden sich Preise in der freien Marktwirtschaft? 1 richtige Antwort

a) Durch das Kaufverhalten von Konsumenten und durch den Wettbewerb der Anbieter / Hersteller
b) Durch die Industrie- und Handelskammer
c) Durch die Marktmacht der Verbraucher
d) Durch die Testergebnisse der „Stiftung Warentest“

K. Steuern

Die Anzahl der richtigen Antworten ist bei den Fragen angegeben!

Frage 1: Welche Aussage zu „Gebühren“ ist richtig? 1 richtige Antwort

a) Eine Gebühr wird für eine bestimmte erbrachte Leistung von der Verwaltung erhoben.
b) Eine Gebühr ist bei der Einfuhr bestimmter Dinge zu zahlen.
c) Eine Gebühr entsteht ohne Anspruch auf eine Gegenleistung.
d) Eine Gebühr wird am Jahresende vom Staat zurückerstattet.

Frage 2: Welche der genannten Steuern sind Verbrauchssteuern? 2 richtige Antworten

a) Lohnsteuer
b) Tabaksteuer
c) Branntweinsteuer
d) Einkommenssteuer

Fragen 3: Welche der genannten Steuern sind indirekte Steuern? 2 richtige Antworten

a) Umsatzsteuer
b) Kfz-Steuer
c) Hundesteuer
d) Stromsteuer

Frage 4: Was bedeutet die Bezeichnung „progressiver Einkommenssteuertarif“?
1 richtige Antwort

a) Der Einkommenssteuertarif gilt nur für Unternehmer.
b) Ein höheres Einkommen wird prozentual niedriger besteuert.
c) Ein höheres Einkommen wird prozentual auch höher besteuert.
d) Höhere Einkommen werden nur bis zu einer bestimmten Grenze besteuert.

Frage 5: Welche Steuerklasse hat ein lediger, kinderloser Angestellter? 1 richtige Antwort

a) Steuerklasse 1
b) Steuerklasse 2
c) Steuerklasse 3
d) Steuerklasse 4

Frage 6: Welche Kosten können als Werbungskosten abgesetzt werden? 2 richtige Antworten

a) Beiträge zur Krankenversicherung
b) Bewerbungskosten
c) Kosten für eine Fortbildung im Beruf
d) Kosten für einen Urlaub

Lösungen der WiSo Aufgaben

Test A:	1c, 2a, 3d, 4c, 5 (1a, 2b, 3b, 4a, 5a), 6 (1d, 2b, 3c, 4a), 7c, 8d, 9a, 10c, 11b, 12b, 13d, 14a, 15c
Test B:	1b, 2d, 3c, 4a, 5c, 6b, 7c, 8a, 9b, 10c, 11d, 12a
Test C:	1a, 2c, 3c, 4b, 5 (1c, 2a, 3b, 4a, 5c), 6a, 7d, 8b, 9 (1b, 2a, 3a, 4b, 5b), 10d, 11c, 12b
Test D:	1c, 2a, 3d, 4 (1a, 2b, 3a, 4a, 5b), 5a, 6d, 7c, 8c, 9a, 10b, 11d, 12 (1c, 2d, 3c, 4a, 5b, 6b)
Test E:	1b, 2 (1b, 2a, 3b, 4b, 5a), 3c, 4a, 5b, 6d, 7 (1b, 2b, 3a, 4b), 8d, 9a, 10c, 11b, 12a, 13d, 14a, 15b
Test F:	1d, 2a, 3 (1a, 2b, 3b, 4a), 4a, 5d, 6c, 7b, 8a, 9d, 10b, 11c, 12d
Test G:	1 (1a, 2b, 3b, 4a, 5b), 2d, 3b, 4a, 5c, 6b, 7d, 8a, 9c, 10b, 11d, 12a, 13a, 14c, 15a
Test H:	1a, 2c, 3 (1c, 2d, 3e, 4b, 5a), 4d, 5b, 6a, 7 (1a, 2a, 3b, 4a), 8d, 9b, 10 (1a, 2b, 3a, 4a, 5b), 11c, 12d
Test I:	1 (1a, 2b, 3a, 4b), 2c, 3 (1a, 2b, 3b, 4a, 5a), 4a, 5b, 6a, 7 (1g, 2e, 3b, 4d, 5a), 8a, 9b, 10c, 11d, 12 (1c, 2e, 3a, 4f), 13c, 14b, 15d
Test J:	1a und c, 2a und d, 3c, 4a, 5b, 6c, 7d, 8a und d, 9b und c, 10a und c, 11d, 12a
Test K:	1a, 2b und c, 3a und d, 4c, 5a, 6b und c

Ein Wort zum Schluss

Glückwunsch, Sie haben vielleicht schon den einen oder anderen Aufgabenblock bearbeitet.

Ziel dieses Buches ist es, eine gute Prüfungsvorbereitung zu einem günstigen Preis zu entwickeln.

Wenn Ihnen unser Buch weitergeholfen hat, dann empfehlen Sie es bitte weiter, gerne auch in Form einer positiven Rezension bei Amazon. Wenn nicht, sagen Sie es nur mir ☺.

Viel Erfolg weiterhin für Ihre Prüfungsvorbereitung!

Claus G. Ehlert . Autor

✂ ✂ ✂ ✂ ✂ ✂ Lösungsblatt / Vordruck ✂ ✂ ✂ ✂ ✂

Hier können Sie die Lösungen zu den Aufgaben eintragen

(Download dieses Vordrucks unter top-pruefung.de/vordruck-1.pdf)

Test:	**Test:**	**Test:**	**Test:**	**Test:**
1.	**1.**	**1.**	**1.**	**1.**
2.	**2.**	**2.**	**2.**	**2.**
3.	**3.**	**3.**	**3.**	**3.**
4.	**4.**	**4.**	**4.**	**4.**
5.	**5.**	**5.**	**5.**	**5.**
6.	**6.**	**6.**	**6.**	**6.**
7.	**7.**	**7.**	**7.**	**7.**
8.	**8.**	**8.**	**8.**	**8.**
9.	**9.**	**9.**	**9.**	**9.**
10.	**10.**	**10.**	**10.**	**10.**
11.	**11.**	**11.**	**11.**	**11.**
12.	**12.**	**12.**	**12.**	**12.**
13.	**13.**	**13.**	**13.**	**13.**
14.	**14.**	**14.**	**14.**	**14.**
15.	**15.**	**15.**	**15.**	**15.**